周　期　表

単体が常温で気体

単体が常温で液体

単体が常温で固体

周期＼族	10	11	12	13	14				18
1									2 He ヘリウム 4.00
2				5 B ホウ素 10.8	6 C 炭素 12.0	7 N 窒素 14.0	8 O 酸素 16.0	9 F フッ素 19.0	10 Ne ネオン 20.2
3				13 Al アルミニウム 27.0	14 Si ケイ素 28.1	15 P リン 31.0	16 S 硫黄 32.1	17 Cl 塩素 35.5	18 Ar アルゴン 39.9
4	28 Ni ニッケル 58.7	29 Cu 銅 63.5	30 Zn 亜鉛 65.4	31 Ga ガリウム 69.7	32 Ge ゲルマニウム 72.6	33 As ヒ素 74.9	34 Se セレン 79.0	35 Br 臭素 79.9	36 Kr クリプトン 83.8
5	46 Pd パラジウム 106	47 Ag 銀 108	48 Cd カドミウム 112	49 In インジウム 115	50 Sn スズ 119	51 Sb アンチモン 122	52 Te テルル 128	53 I ヨウ素 127	54 Xe キセノン 131
6	78 Pt 白金 195	79 Au 金 197	80 Hg 水銀 201	81 Tl タリウム 204	82 Pb 鉛 207	83 Bi ビスマス 209	84 Po ポロニウム (210)	85 At アスタチン (210)	86 Rn ラドン (222)
7	110 Ds ームスタチウム (281)	111 Rg レントゲニウム (280)	112 Cn コペルニシウム (285)	113 Nh ニホニウム (278)	114 Fl フレロビウム (289)	115 Mc モスコビウム (289)	116 Lv リバモリウム (293)	117 Ts テネシン (293)	118 Og オガネソン (294)
								ハロゲン	貴ガス

ΣBEST シグマベスト

大学入学共通テスト

読むだけでつかめる 化学基礎

BASIC CHEMISTRY

坂田薫
Kaoru Sakata

文英堂

はじめに

みなさん，こんにちは。
本書を手に取ってくれて，ありがとうございます。

化学基礎は，化学の根本になるとても大切な分野です。
化学基礎を学ぶことは，共通テストで点を取るだけではなく，その先にある化学の学習や，日常生活を化学的に捉えていくことに非常に役立ちます。
ですので，化学の世界の最初の一歩でつまずくことのないよう，本書では基礎的なことからしっかりと触れています。
また，図や具体例を多く使うことで，みなさんの理解がスムーズになるよう心がけました。

さらに，共通テストでしっかりと点数が取れるよう，解いておきたい問題を各テーマの章末で扱っています。
難しく感じる問題があるかもしれませんが，講義を読んで，基本が確立できていれば必ず克服できます。
学んだことを思い出しながらチャレンジしてください。

まずは化学に対するネガティブな印象を捨てて，新しい気持ちで化学の世界を楽しんでくださいね。
化学の学習を通して，みなさんが夢を叶えたり，より豊かな人生を送ることができると信じています。

最後に，本書を通じてみなさんとご縁があることに，心から感謝致します。
それでは，みなさん，化学の世界を存分に楽しみましょう。

坂田薫

CONTENTS

この本で学ぶこと

第3章 化学結合

第4章 物質量と化学反応式

第5章 酸と塩基の反応

第6章 酸化還元反応

この本の使い方

共通テストに必要な化学基礎の内容を，全6章25講で基本から丁寧に解説しています。大事なポイントがよくわかる講義で，効率的に学習できます。

講義

注目して読んでほしいところには，
マーカーを引きました。

重要用語は赤字にしています。
赤フィルターでかくして
用語のチェックができます。

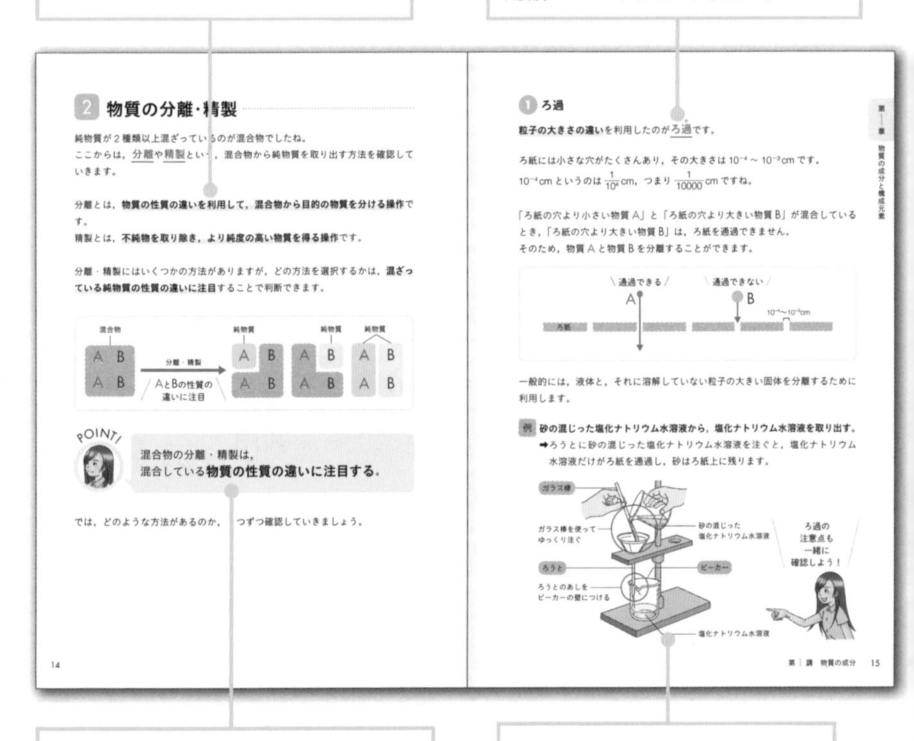

2 物質の分離・精製

純物質が2種類以上混ざっているのが混合物でしたね。
ここからは，分離や精製という，混合物から純物質を取り出す方法を確認していきます。

分離とは，**物質の性質の違いを利用して，混合物から目的の物質を分ける操作**です。
精製とは，**不純物を取り除き，より純度の高い物質を得る操作**です。

分離・精製にはいくつかの方法がありますが，どの方法を選択するかは，**混ざっている純物質の性質の違いに注目**することで判断できます。

POINT!
混合物の分離・精製は，
混合している**物質の性質の違いに注目する。**

では，どのような方法があるのか，一つずつ確認していきましょう。

14

1 ろ過

粒子の大きさの違いを利用したのがろ過です。

ろ紙には小さな穴がたくさんあり，その大きさは10^{-4}～10^{-3}cmです。
10^{-4}cmというのは$\frac{1}{10^4}$cm，つまり$\frac{1}{10000}$cmですね。

「ろ紙の穴より小さい物質A」と「ろ紙の穴より大きい物質B」が混合しているとき，「ろ紙の穴より大きい物質B」は，ろ紙を通過できません。
そのため，物質Aと物質Bを分離することができます。

一般的には，液体と，それに溶解していない粒子の大きい固体を分離するために利用します。

例 **砂の混じった塩化ナトリウム水溶液から，塩化ナトリウム水溶液を取り出す。**
➡ろうとに砂の混じった塩化ナトリウム水溶液を注ぐと，塩化ナトリウム水溶液だけがろ紙を通過し，砂はろ紙上に残ります。

第1章 物質の成分と構成元素

第1講 物質の成分 15

特に試験に出やすい
大事なところはPOINT! として
取り上げています。
ここは絶対に押さえておきましょう。

大きな図でわかりやすい！

練習問題

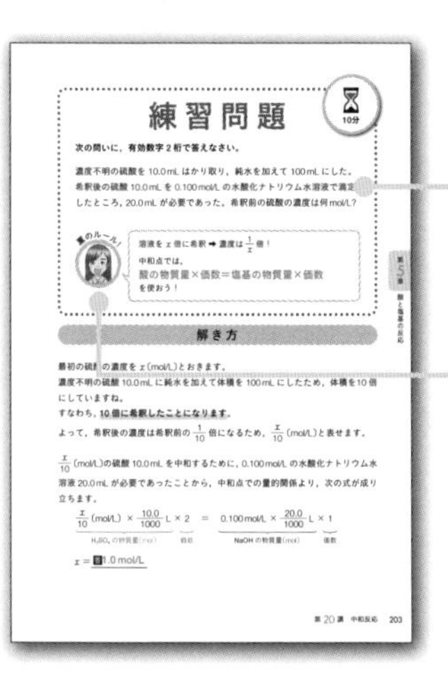

計算が必要なところや，
問題を解くことで頭に入れてほしい
ところには，練習問題を載せました。
解き方を丁寧に解説しています。

薫のルール！で解き方のコツを
教えています。

OUTPUT TIME

講義の最後には，覚えておくべき
重要用語を簡単に確認できる
一問一答を載せました。
ここまでできたら，講義は終わりです！

章末チェック問題

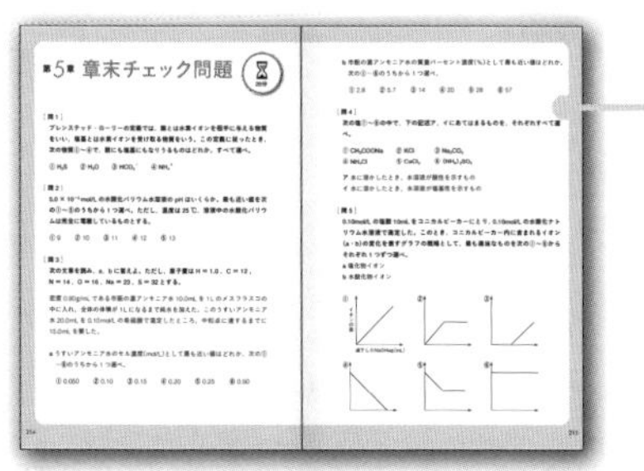

共通テストを想定した問題で，
その章で学んだ内容が身について
いるか確認しましょう。

登場人物

坂田薫（かおる）先生

この本の化学講師。
化学基礎を楽しく，わかりやすく教えてくれる。
スイーツに目がない。

拓海（たくみ）

高校３年生。
これまでバスケ部一筋だったため，
勉強（特に理科）に苦手意識がある。

葵（あおい）

拓海と同級生。
勉強は好きなほうだが，
受験を意識して理系科目に不安が出てきた。

第1章

物質の成分と構成元素

Components of substances and constituent elements

INTRODUCTION

これから学ぶこと！

坂田先生

いま，拓海くんと葵さんの周りには，何種類の**物質**がある？

拓海

え？ 考えたことなかったな……。
この本，シャーペン…あ，服も。たくさんあるなぁ。

坂田先生

そうだよね。目に見えてない空気も物質だよ。
そう考えたら，物質は数え切れないよね。
でも，たった**3つ**に分類することができるよ。

葵

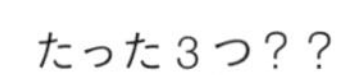
たった3つ？？
わかった！ **固体**，**液体**，**気体**の3つでしょ？

坂田先生

そうね。**状態**はその3つね。
でも，状態が変化しても同じ物質よ。
水が水蒸気に変化するみたいにね。
状態に関係なく，物質を3つに分けるとしたらどうする？

拓海

え……。状態に関係なく3つに分けるの？
本もシャーペンも服も空気も，全部違う物質だよなぁ。

坂田先生

たった3つに分けるのは難しい気がするよね。
でも，簡単に分類できるようになるよ。
まずは，**物質が何からできているか**を見ていこうね。

拓海

世の中の物質がたった3つに分類できたら，シンプルでいいな。

第1講 物質の成分

1 物質の分類

1 純物質と混合物

物質はすべて，周期表(p.76)に記載されている約120種類の元素(げんそ)(p.23)の組み合わせでできています。
組み合わせを考えると，物質は数え切れないくらいたくさん存在することがわかりますね。
では，たくさんの物質を，まずは2つに分類してみましょう。

まず，1種類の物質からできている**純物質**と，2種類以上の物質が混ざっている**混合物**に分けることができます。

純物質か混合物かを判断するには，**化学式で書いてみる**といいですよ。
純物質は1つの化学式で表せるのに対し，**混合物は1つの化学式で表せません**。

例えば，水はH_2Oという1つの化学式で表せるので純物質，海水はH_2O + $NaCl$ + $MgCl_2$ + …というように，1つの化学式で表せないため混合物です。

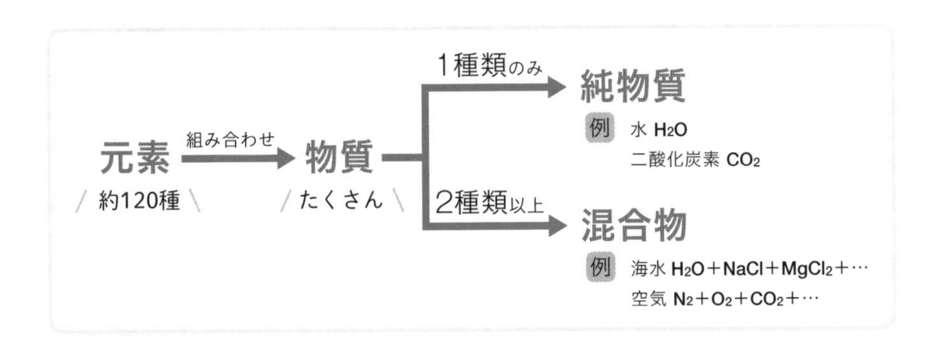

❷ 純物質と混合物の違い

純物質は，物質ごとに一定の沸点(ふってん)や融点(ゆうてん)，密度をもちます。
例えば，水。
沸点は 100℃，融点は 0℃，液体の密度は 1.0 g/cm^3 と決まっていますね。
どこから持ってきた水でも同じです。

それに対して，**混合物の沸点や融点，密度は一定の値をもちません。**
それは，混合している純物質の割合によって値が変化するためです。

エタノール(沸点 78℃)と水(沸点 100℃)の混合物で考えてみましょう。
混合物中のエタノールの割合が大きければ，沸点は 78℃に近づき，水の割合が大きければ，沸点は 100℃に近づきます。

純物質の**沸点・融点・密度は一定の値。**
混合物は**混合している純物質の割合で変化。**

これを利用して，純物質か混合物かの判断ができるんですよ。
目の前にある物質が，純物質か混合物かを知りたいときには，その物質の沸点や融点，密度を測定すればいいんです。

▶**純物質と混合物の違い**

	沸点・融点・密度
純物質	物質ごとに一定の値
混合物	一定の値をもたない

③ 単体と化合物

純物質は，さらに２つに分類できます。
１種類の元素からできている**単体**と，２種類以上の元素からできている**化合物**です。

単体か化合物かの判断も，**化学式で書いてみる**ことでできます。
例えば，窒素(ちっそ) N_2 は窒素１種類の元素からできているので単体。
二酸化炭素 CO_2 は，炭素と酸素の２種類の元素からできているので化合物です。

ゆっくりでいいので，物質の化学式が書けるようになりましょうね。

物質は**単体・化合物・混合物**の３つに分類できる。
判断するときは，**化学式で書いてみよう。**

これで，物質を３つに分類できましたね。
ちなみに，みなさんの**身の回りに存在する物質の多くは混合物**ですよ。

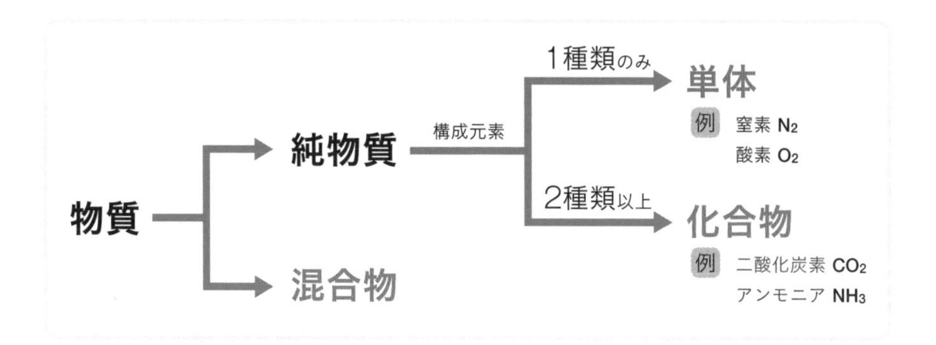

2 物質の分離・精製

純物質が２種類以上混ざっているのが混合物でしたね。
ここからは，分離や精製という，混合物から純物質を取り出す方法を確認していきます。

分離とは，**物質の性質の違いを利用して，混合物から目的の物質を分ける操作**です。
精製とは，**不純物を取り除き，より純度の高い物質を得る操作**です。

分離・精製にはいくつかの方法がありますが，どの方法を選択するかは，**混ざっている純物質の性質の違いに注目**することで判断できます。

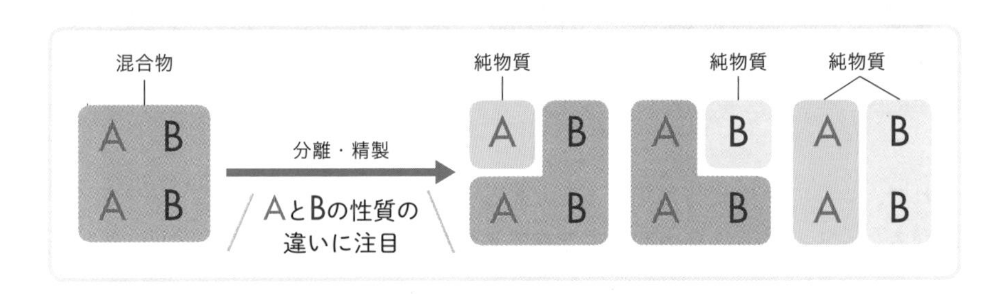

混合物の分離・精製は，
混合している**物質の性質の違いに注目する。**

では，どのような方法があるのか，１つずつ確認していきましょう。

1 ろ過

粒子の大きさの違いを利用したのが**ろ過**(か)です。

ろ紙には小さな穴がたくさんあり，その大きさは 10^{-4} ～ 10^{-3} cm です。
10^{-4} cm というのは $\frac{1}{10^4}$ cm，つまり $\frac{1}{10000}$ cm ですね。

「ろ紙の穴より小さい物質 A」と「ろ紙の穴より大きい物質 B」が混合しているとき，「ろ紙の穴より大きい物質 B」は，ろ紙を通過できません。
そのため，物質 A と物質 B を分離することができます。

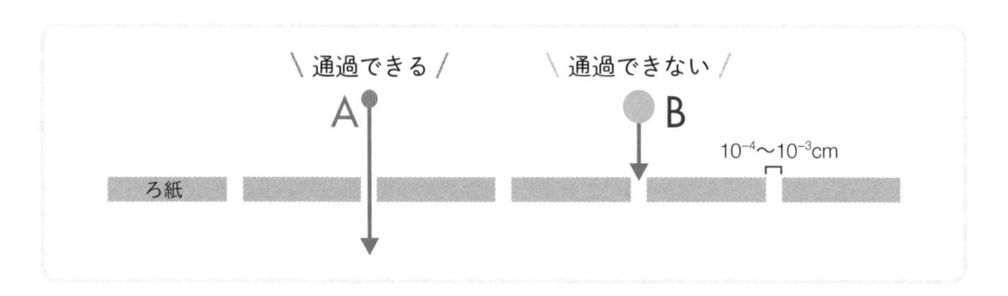

一般的には，液体と，それに溶解していない粒子の大きい固体を分離するために利用します。

例 **砂の混じった塩化ナトリウム水溶液から，塩化ナトリウム水溶液を取り出す。**
➡ろうとに砂の混じった塩化ナトリウム水溶液を注ぐと，塩化ナトリウム水溶液だけがろ紙を通過し，砂はろ紙上に残ります。

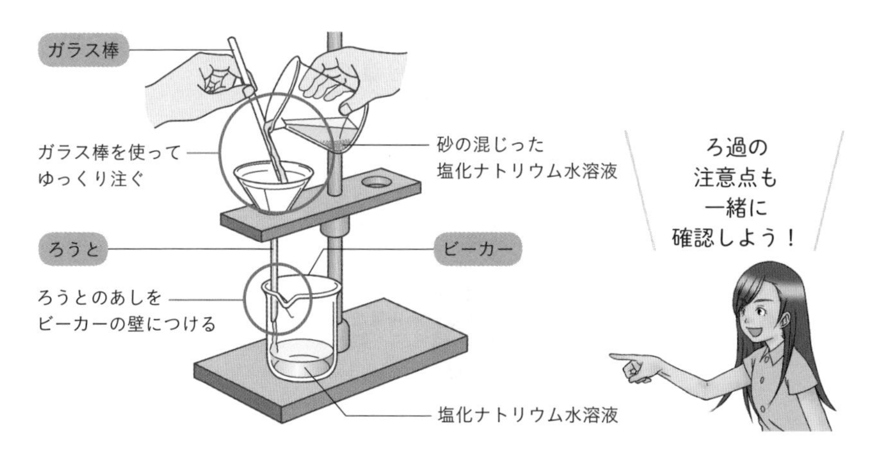

② 蒸留

沸点の違いを利用したのが**蒸留**(じょうりゅう)です。
「沸点の低い物質A」と「沸点の高い物質B」が混合しているとき，加熱していくと，「沸点の低い物質A」が先に気体に変化して出ていきます。
その蒸気を冷却(れいきゃく)して液体に戻すことで，物質Aを取り出すことができます。

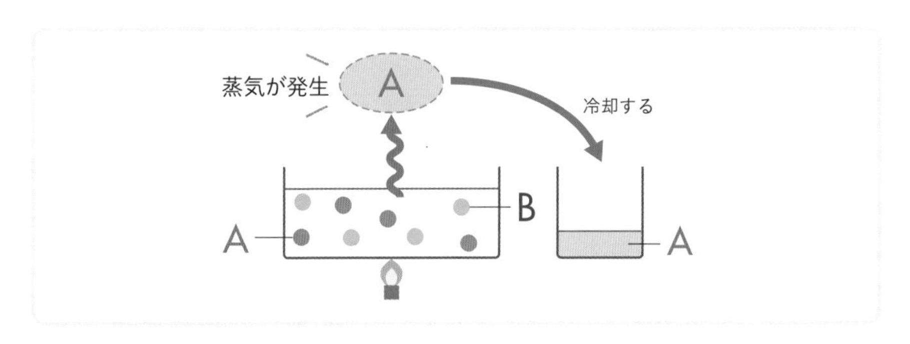

例 **海水から水を取り出す。**
➡海水を加熱すると，水だけが蒸発するため，この蒸気を冷却すると純粋な水(蒸留水)が得られます。

また，2種類以上の液体の混合物を蒸留によって分離する操作を，
分留(ぶんりゅう)**(分別蒸留)**といいます。

例 **原油(石油)からガソリンや灯油などを取り出す。**
➡原油(石油)を加熱したときに出てくる蒸気を，適当な温度範囲で区切って集めると，ガソリンや灯油などを分離できます。

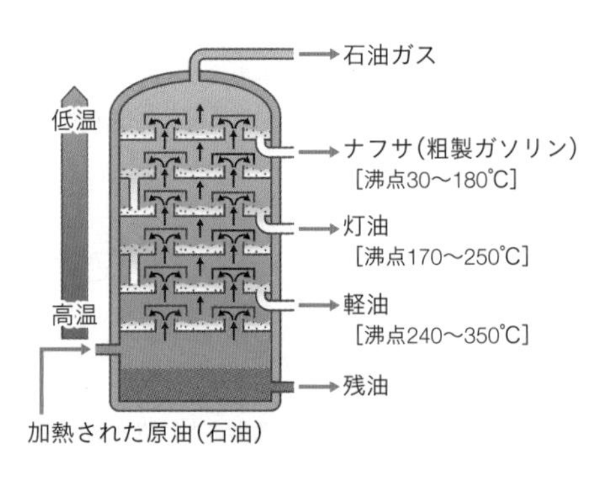

蒸留の実験の注意点

蒸留の実験操作(下図)についての注意点を確認していきましょう。

❶ **溶液の量は，フラスコの $\frac{1}{3}$ ～ $\frac{1}{2}$ の量にする。**

➡溶液がフラスコの枝の方に入ってしまうのを防ぐため。

❷ **温度計の先端は，フラスコの分枝部にする。**

➡蒸気の温度を測定するため。

❸ **沸騰石を入れる。**

➡突発的な沸騰(突沸(とっぷつ))を防ぐため。

❹ **リービッヒ冷却器の水は，下から入れて上から出す。**

➡リービッヒ冷却器の中を水で満たすため。

❺ **三角フラスコにゴム栓をしない。脱脂綿(だっしめん)やアルミニウム箔で覆(おお)う程度にする。**

➡フラスコ内の圧力が高くなり，フラスコが破損してしまうのを防ぐため。

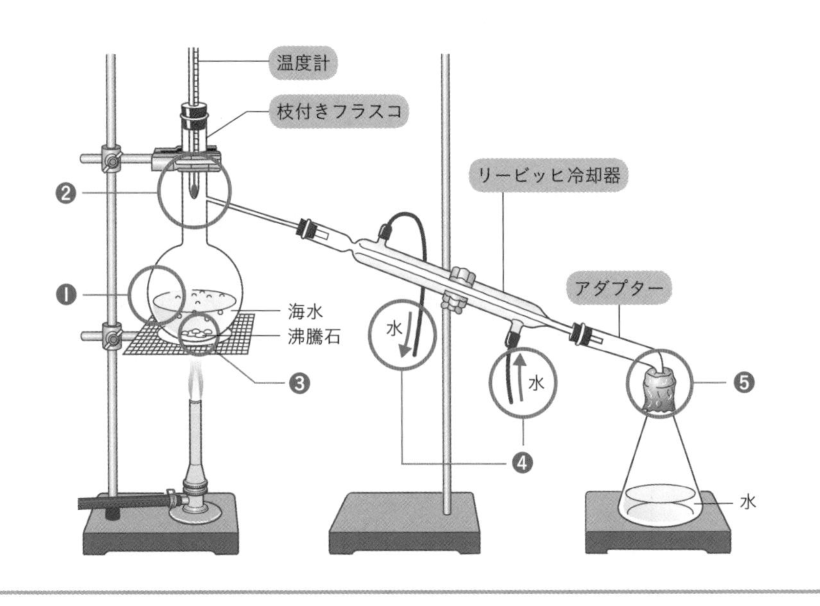

③ 再結晶

温度による溶解度の変化の違いを利用したのが**再結晶**です。
溶解度とは，溶質が一定量の溶媒(ようばい)に溶ける限界量のことです。
通常，固体の溶解度は温度が低いほど小さくなりますが，小さくなる度合いは物質ごとに異なります。

「温度を下げたとき，溶解度が急激に小さくなる物質 A」に，「溶解度がほぼ一定の物質 B」が少量混合しているとしましょう。
混合物を高温の液体(溶媒)に溶かし，徐々に冷却していくと，物質 A だけが析出し，物質 B は溶液中に溶けたままであるため，分離することができます。

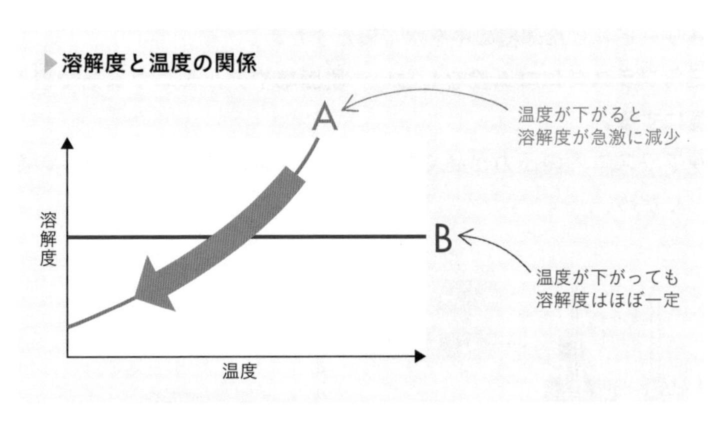

例 **少量の塩化ナトリウム NaCl が混ざった硝酸(しょうさん)カリウム KNO_3 から，硝酸カリウムを取り出す。**

➡混合物を高温の水に溶かし，徐々に冷却していくと，温度による溶解度の変化が大きい硝酸カリウムだけが結晶となって析出してきます。

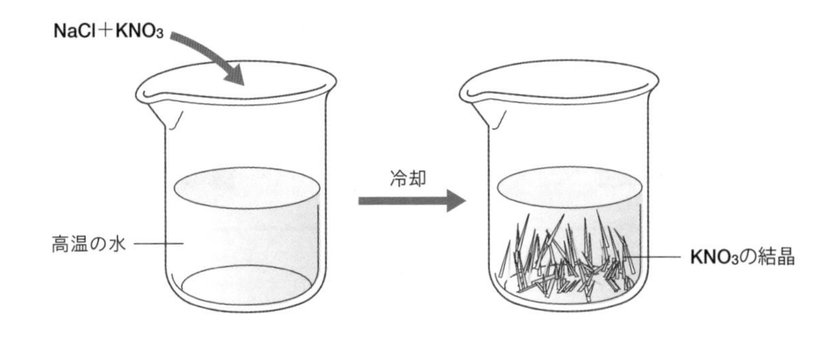

4 抽出

溶媒に対する溶解度の違いを利用したのが**抽出**（ちゅうしゅつ）です。
溶媒とは，水のように他の物質を溶かす液体でしたね。

ある溶媒に「溶解する物質A」とその溶媒に「溶解しない物質B」が混合しているとき，混合物をこの溶媒に接触させると，「溶解する物質A」のみが溶媒中に溶解するため，分離することができます。

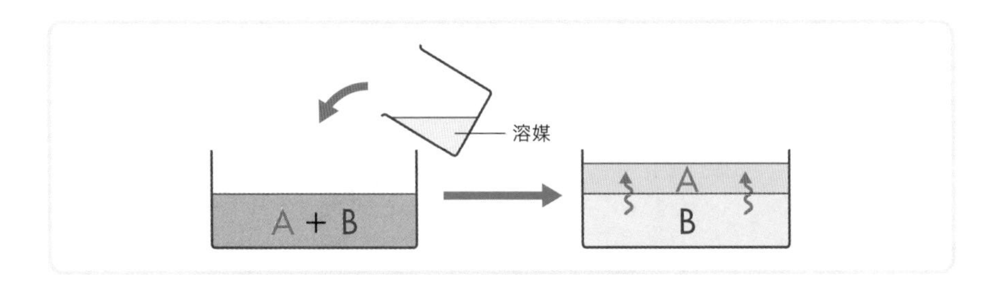

例 **ヨウ素ヨウ化カリウム(I_2 + KI)水溶液からヨウ素I_2を取り出す。**
➡ヨウ素ヨウ化カリウム水溶液にヘキサンを加えて振り混ぜると，ヘキサンに溶解しやすいヨウ素だけがヘキサン中に移動してきます。

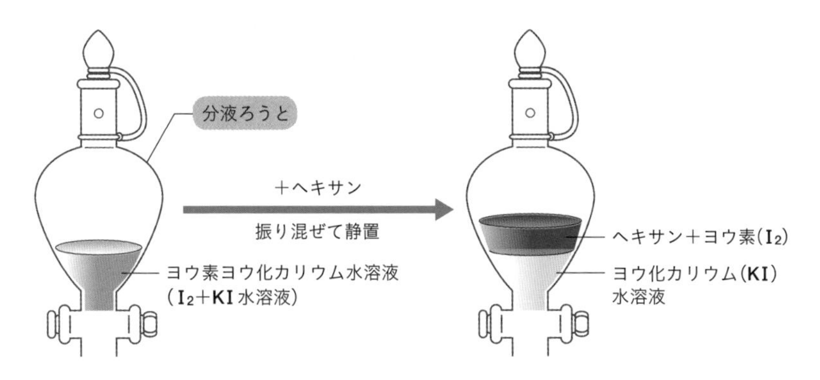

ちなみに，ヨウ素ヨウ化カリウム水溶液は，ヨウ素I_2をヨウ化カリウムKI水溶液に溶かしたものです。

5 昇華法

固体が直接気体になる変化を昇華(しょうか)(p.35)といいます。
昇華性をもつ物質には，ヨウ素 I_2・ナフタレン $C_{10}H_8$・ドライアイス CO_2 などがあります。

この**昇華性の有無の違い**を利用したのが昇華法です。
固体の「昇華性をもつ物質 A」と「昇華性をもたない物質 B」が混合しているとき，加熱すると「昇華性をもつ物質 A」だけが気体となって出ていきます。
この気体を冷却して固体に戻すことで，分離することができます。

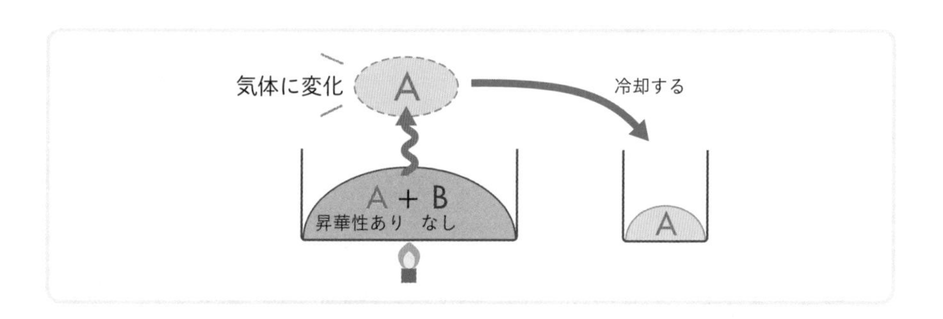

例 **ヨウ素と鉄の混合物からヨウ素を取り出す。**
➡混合物を加熱すると，昇華性をもつヨウ素だけが気体となって出てきます。
その気体が冷水の入ったフラスコの底で冷やされ，固体として析出します。

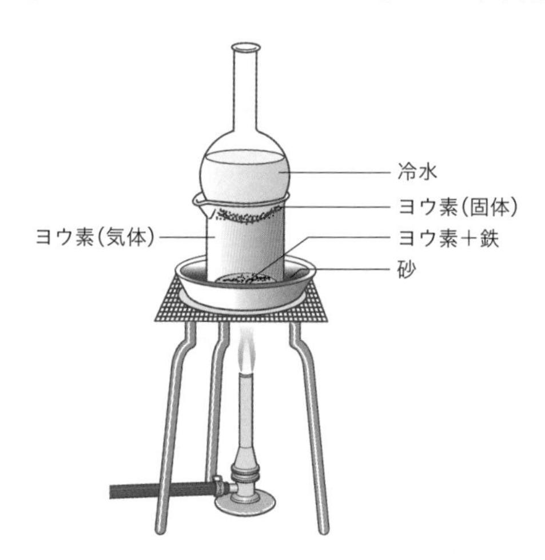

6 クロマトグラフィー

吸着力の違いを利用したのが**クロマトグラフィー**です。

代表的なものが，ろ紙を利用する**ペーパークロマトグラフィー**です。
「ろ紙への吸着力が小さい物質A」と「ろ紙への吸着力が大きい物質B」が混合しているとき，混合物をろ紙に付着させ，ろ紙の一端を適当な溶媒に浸すと，溶媒がろ紙にしみこんで上っていきます。
「ろ紙への吸着力が小さい物質A」ほど溶媒とともに速く上昇していくため，遠くまで移動し，分離することができます。

例 **黒い水性ペンのインクから様々な色の色素を取り出す。**
➡ペーパークロマトグラフィーにより，ろ紙への吸着力の小さい色素から大きい色素までが分離できます。

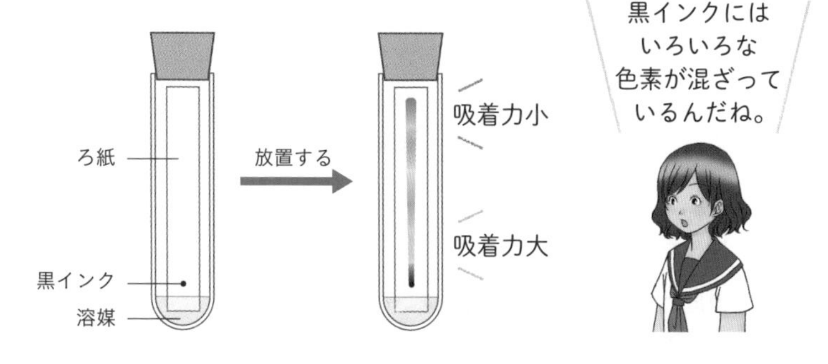

ろ過 ➡ 粒子の大きさの違い
蒸留・分留 ➡ 沸点の違い
再結晶 ➡ 温度による溶解度の変化の違い
抽出 ➡ 溶媒に対する溶解度の違い
昇華法 ➡ 昇華性の有無の違い
クロマトグラフィー ➡ 吸着力の違い

一問一答で講義の内容を確認しよう

OUTPUT TIME

3分

	問題	答え	
1	1種類の物質からできているものを何という？	純物質	➡p.11
2	2種類以上の物質が混ざっているものを何という？	混合物	➡p.11
3	沸点・融点・密度が一定なのは純物質？それとも混合物？	純物質	➡p.12
4	1種類の元素からなる純物質を何という？	単体	➡p.13
5	2種類以上の元素からなる純物質を何という？	化合物	➡p.13
6	粒子の大きさの違いを利用した分離・精製法は？	ろ過	➡p.15
7	沸点の違いを利用した分離・精製法は？	蒸留	➡p.16
8	2種類以上の液体の混合物を, 7 によって分離する操作を何という？	分留[分別蒸留]	➡p.16
9	温度による溶解度の変化の違いを利用した分離・精製法は？	再結晶	➡p.18
10	溶媒に対する溶解度の違いを利用した分離・精製法は？	抽出	➡p.19
11	昇華性の有無の違いを利用した分離・精製法は？	昇華法	➡p.20
12	吸着力の違いを利用した分離・精製法は？	クロマトグラフィー	➡p.21

第1講, お疲れちゃん。
物質を3つに分類できるように
なったかな？
しっかり復習しておこうね。

第2講 物質の構成元素

1 元素と同素体

1 元素

どんな物質も，<u>原子</u>(p.51)とよばれる粒子が集まってできています。
原子は非常に種類が多いため，「化学的性質が同じ原子」をまとめて扱います。
これを<u>元素</u>といい，**元素を表す記号**を<u>元素記号</u>といいます。

＼原子／

^{1}H　^{2}H　…
^{3}He　^{4}He　…
^{16}O　^{18}O　…

化学的性質が同じ
原子をまとめる →

＼元素／

H
He
O

元素の組み合わせで物質が決まります。
例えば，水素原子 **H** が 2 つと酸素原子 **O** が 1 つの組み合わせでできるのが水です。
これを化学式で表すと H_2O となります。
化学式を見れば，どんな種類の元素で構成されているかがわかりますね。

このように，元素記号は化学を学ぶ上で，とても大切な記号になります。
これから化学を楽しんでいくためにも，元素記号をゆっくりと頭に入れていきましょうね。

化学基礎では，**原子番号**(p.53) **1番の水素Hから原子番号20番のカルシウムCaまで**は頭に入れておくことが必要です。

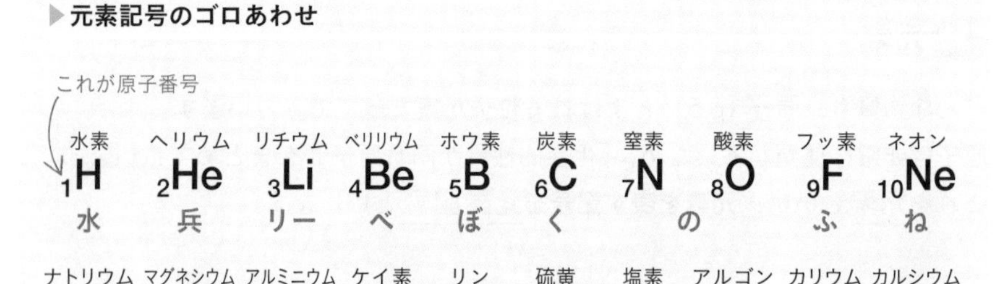

H・He・Li・Be…と順番に言うことができるようになったら，原子番号から元素記号，元素記号から原子番号，がスムーズに出てくるようになることを目指しましょうね。
「９番は？」「フッ素F !!」という感じですよ。

元素の組み合わせで物質が決まる！
原子番号1番から20番までは頭に入れよう。

② 元素と単体の違い

元素と単体は同じ名前でよばれることが多く，ぱっと見ではどちらのことを指しているのかわかりません。

＼元素／ H も ＼単体／ H_2 も 『水素』

どちらであるかをスムーズに判断できるよう，元素と単体の違いをしっかりと理解しておきましょう。

元素は物質の構成成分，単体は1種類の元素からなる物質です。
よって，**単体は実在する物質そのものなので，触れることができます**。
「元素か，単体か」を判断するときは「実際に触れることができるのは何なのか」を考えてみましょう。

「**地殻中には酸素が多く含まれる**」という文章で考えてみましょう。
ここでの酸素は元素(O)のことでしょうか，単体(O_2)のことでしょうか。
この文章中では，実際に触れることができるのは地殻です。
よって，ここでの「酸素」は構成成分であり，元素です。

では「**患者に酸素吸入を行う**」の酸素はどうでしょうか。
ここでは，実際に存在する気体の酸素 O_2 を吸入していますね。
触れることができるので，空気中の酸素と同じです。
よって，これは単体です。

POINT!

元素か単体かを判断するときは，
「触れることができるのは何か」を考える。

③ 同素体

多くの元素は，その単体が１種類しか存在しません。
しかし，酸素の単体には酸素 O_2 とオゾン O_3 の２種類が存在します。
このように，同じ元素からなる単体どうしを互いに**同素体**（どうそたい）とよびます。
そして同素体どうしは，**それぞれの性質が全く異なります**。

また，同素体が存在する元素では**硫黄 S・炭素 C・酸素 O・リン P** の４つが重要です。SCOP（スコップ）と覚えましょう。
４つの元素の同素体の種類と，それぞれの性質の違いを確認しておきましょう。

▶**同素体の種類と特徴**

硫黄 S	炭素 C
斜方硫黄 S_8 常温で安定。 加熱により単斜硫黄に変化。	**ダイヤモンド C** 無色透明。 立体網目状構造。 極めて硬い。
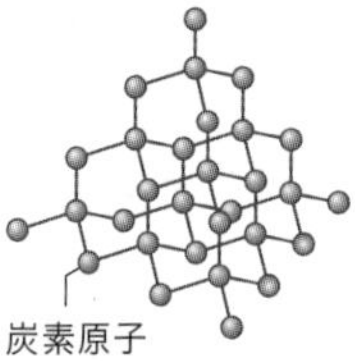	**黒鉛（こくえん）(グラファイト) C** 層状構造。 うすくはがれやすい。 電気伝導性がある。
単斜硫黄 S_8 高温で安定。 分子の並び方が斜方硫黄と異なる。	**フラーレン C_{60}** 球状の分子。 C_{70}などもある。
ゴム状硫黄 S_x 多数の硫黄原子が鎖状につながった構造。	**カーボンナノチューブ C** 筒状の分子。

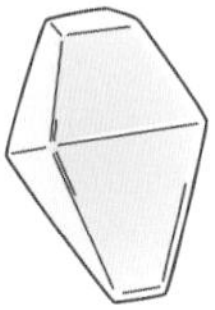

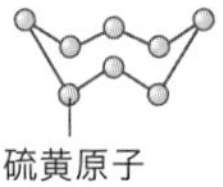

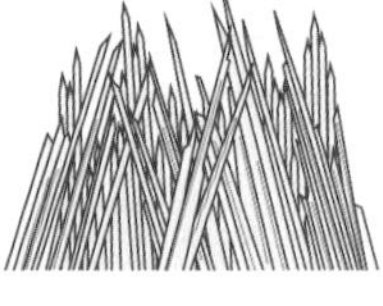

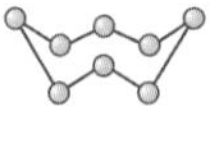

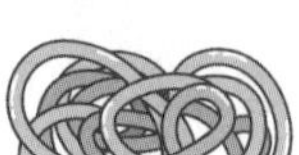

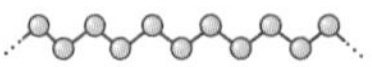

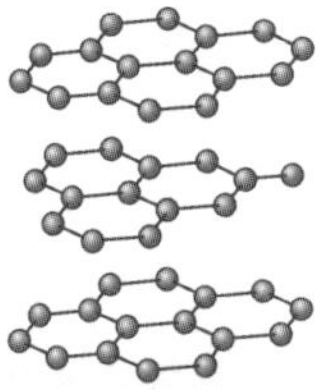

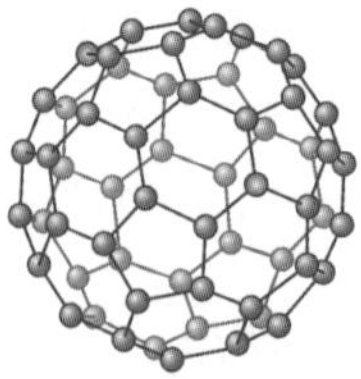

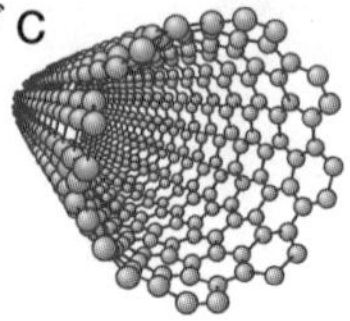

同素体 SCOP(スコップ)は,
それぞれの性質が全く異なる。

酸素 O	リン P
酸素 O_2 無色無臭の気体。 空気中の体積の約21%を占める。 紫外線を照射したり,酸素中で放電したりすると一部がオゾンに変化。 **オゾン O_3** 淡青色,特異臭の気体。 酸化力が強い。	**黄リン P_4** 淡黄色の固体。 正四面体形分子。 猛毒。 空気中で自然発火するため水中に保存。 湿った暗所で光る。 分子の形 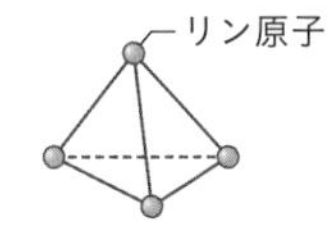
 同じ元素からできている単体だけど,性質が違うんだね。	**赤リン P_x** 赤褐色の固体。 毒性はほとんどない。 空気中で自然発火もしない。 マッチの側薬に利用されている。 分子の形 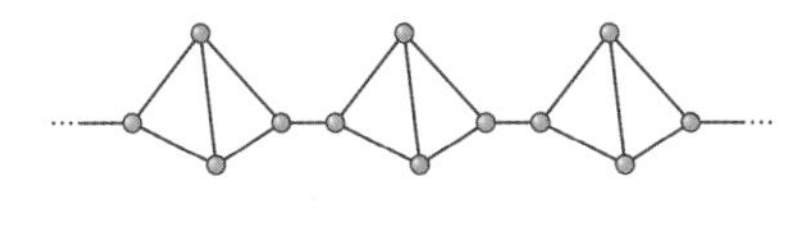

2 成分元素の検出

様々な反応を利用して，物質を構成している元素を調べることができます。

❶ 炎色反応

水溶液に含まれている特定の金属元素(p.77)を調べるために利用されるのが，**炎色反応**です。

ある元素が含まれた水溶液を炎の中に入れると，その元素特有の色を示すのです。花火が様々な色を示すのも，コンロで温めているお味噌汁が吹きこぼれたときに炎が黄色になるのも，炎色反応なんですよ。

炎色反応の操作

❶ 白金線を塩酸で洗い，ガスバーナーの外炎に入れ，炎の色に変化がないことを確認する(白金線に何もついていないことを確認するため)。

❷ 白金線を調べたい水溶液につけたあと，ガスバーナーの外炎に入れ，炎の色の変化を確認する。

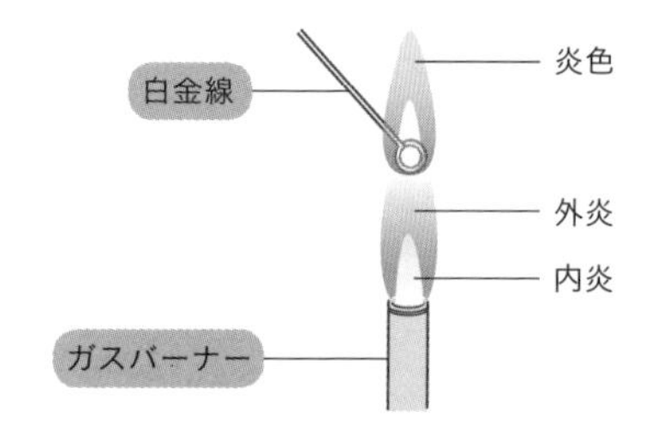

▶ **炎色反応のゴロあわせ**

リチウム	ナトリウム	カリウム	銅	カルシウム	ストロンチウム	バリウム
Li	Na	K	Cu	Ca	Sr	Ba
赤	黄	赤紫	青緑	橙赤	紅	黄緑

リアカー無きK　村。動　力　借りよう　と　するも貸してくれない。馬　力でいこう。
Li 赤　Na黄 K (赤)紫 Cu (青)緑 Ca　橙(赤) Sr　紅　Ba (黄)緑

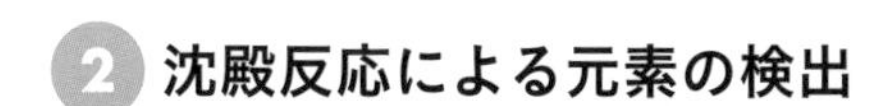

2 沈殿反応による元素の検出

化学反応などによって沈殿が生じる反応を，**沈殿反応**といいます。
生じた沈殿の色などから，物質に含まれている元素を特定することができます。

例 **ある水溶液 A に硝酸銀 $AgNO_3$ 水溶液を加えると白色沈殿が生じた。**
➡生じた沈殿は塩化銀 **AgCl** と考えられるため，水溶液 A には塩素 **Cl** が含まれていることが特定できます。

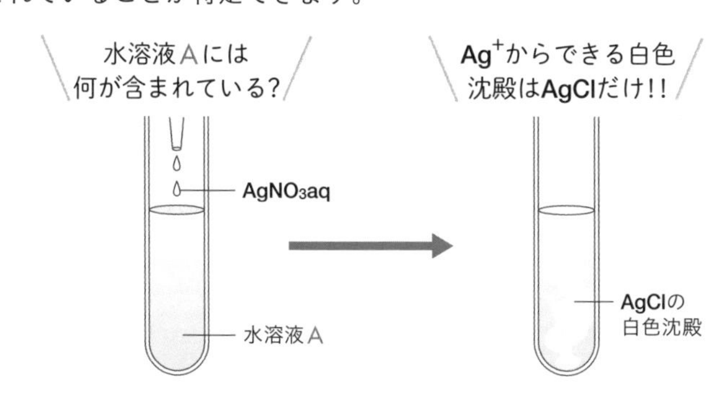

ちなみに，「**aq**」はラテン語の aqua（水）の略で，多量の水を表します。
$AgNO_3$aq は，硝酸銀水溶液という意味です。

その他の代表的な沈殿を頭に入れておきましょうね。

例 **物質 X に希塩酸を注ぎ，発生した気体を石灰水（水酸化カルシウム水溶液）に通じると白濁した。**
➡石灰水が白濁したのは，炭酸カルシウム **$CaCO_3$** が生じたためであり，発生した気体は二酸化炭素 **CO_2** だとわかります。
これより，物質 X には炭素 **C** が含まれていることが特定できます。

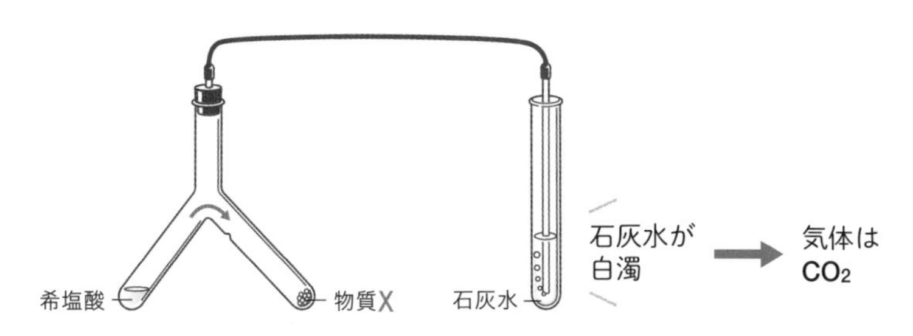

POINT!

沈殿反応による元素の検出は，
・塩化銀 **AgCl** の白色沈殿 ➡ **Cl の検出**
・炭酸カルシウム $\mathbf{CaCO_3}$ の白色沈殿 ➡ **C の検出**

③ 水の生成による元素の検出

反応により発生する気体に水蒸気が含まれているとき，気体が冷却されると容器の内壁に水滴が付着します。
これが水であることを特定するために，硫酸銅(Ⅱ) $CuSO_4$ を利用します。
内壁に付着した液体を硫酸銅(Ⅱ)に滴下すると，硫酸銅(Ⅱ)五水和物に変化し，白色から青色に変化します。

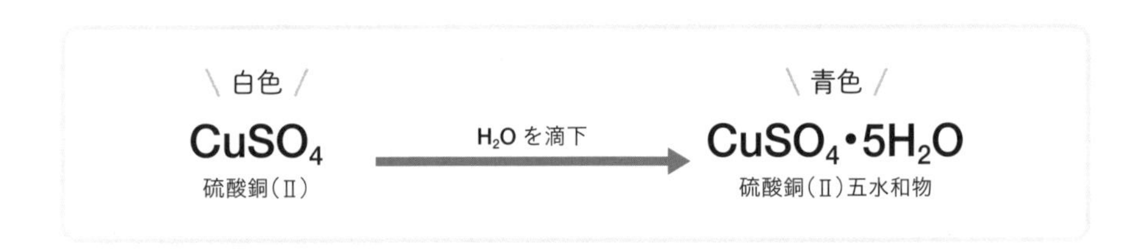

これより，液体が水 H_2O であることが特定でき，もとの物質には水素 **H** が含まれていることがわかります。

一問一答で講義の内容を確認しよう

OUTPUT TIME

1	物質を構成する,化学的性質が同じ原子をまとめて表した記号を何という？	元素記号 ➡p.23
2	原子番号13番の元素は？	アルミニウム[Al] ➡p.24
3	酸素の原子番号は？	8番 ➡p.24
4	過酸化水素に酸化マンガン(Ⅳ)を加えると，酸素が発生した。下線部の酸素は元素？ 単体？	単体 ➡p.25
5	同素体が存在する元素は？ 4つ答えよう。	硫黄[S]，炭素[C]，酸素[O]，リン[P] ➡p.26
6	硫黄の同素体にはどんなものがある？ 3つ答えよう。	斜方硫黄，単斜硫黄，ゴム状硫黄 ➡p.26
7	カルシウムの炎色反応は何色？	橙赤色（とうせき） ➡p.28
8	炎色反応が青緑色の元素は何？	銅 ➡p.28
9	ある水溶液に硝酸銀水溶液を加えると 白色沈殿が生じた。 水溶液に含まれている元素は硫黄？ 塩素？	塩素 （沈殿は塩化銀 AgCl） ➡p.29
10	石灰水を白濁させる気体は何？	二酸化炭素 ➡p.29

第2講，お疲れちゃん。
元素と単体の違いは大丈夫かな？
入試でも問われることがあるから，
答えられるようになっておこうね。

第3講 物質の三態

1 物質の三態

1 物質の三態

世の中に存在している物質の状態は**固体**・**液体**・**気体**のいずれかです。
これを物質の**三態**といい，三態間での変化を**状態変化**といいます。
みなさんが，日常生活で三態を確認できる物質の代表例は水 H_2O ですね。
H_2O には氷（固体）・水（液体）・水蒸気（気体）があります。

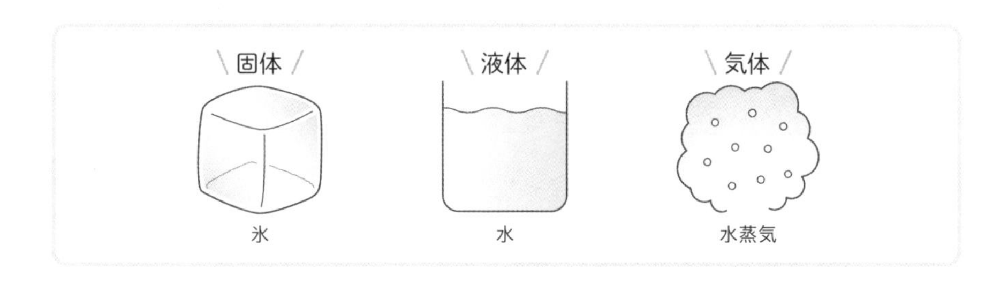

これらは状態が変化しただけで，物質は H_2O のまま変化していません。
このような変化を**物理変化**といいます。

それに対して，H_2O を電気分解すると，水素 H_2 と酸素 O_2 に変化します。
このように，**反応により物質が別の物質に変化すること**を**化学変化**または，**化学反応**といいます。

物質の状態が変化することを**物理変化**，
物質自体が別の物質に変化することを**化学変化**という。

❷ 状態変化

固体に熱を加えていくと，固体→液体→気体へと変化していきます。
状態変化している間は，温度は上がらず一定に保たれます。

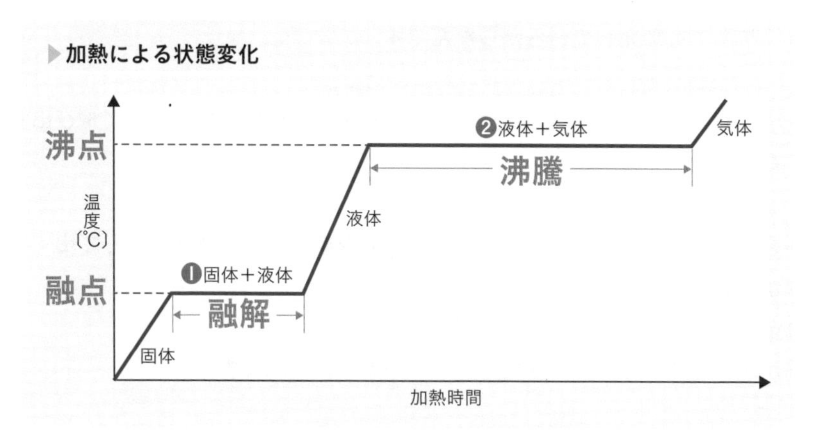

状態変化が起こっている間，温度は一定に保たれる。

このときの，温度と状態変化の関係を確認していきましょう。

❶ 固体→液体，液体→固体

固体に熱を与えていくと，固体の温度が上昇します。
しかし，ある温度に達すると液体に変化し始め，**温度が一定に保たれます**。
与えた熱が，粒子間の引力(p.37)を振り切るのに使われるため，温度が上昇しないのです。
このように，**固体が液体になる変化**を**融解**，このときの温度を**融点**といいます。

同様に，液体を冷却していくと液体の温度が降下し，ある温度に達すると固体に変化し始めます。
このように，**液体が固体になる変化**を**凝固**，このときの温度を**凝固点**といいます。

融点と凝固点は同じ温度です。H_2O は融点も凝固点も 0℃ですね。

❷ 液体→気体，気体→液体

液体が気体になる変化を蒸発といいます。

物質によりますが，**蒸発は常温でも見ることができます**。

例えば，机に落ちた水滴をしばらく放っておくと，いつの間にか無くなりますよね。

水は，常温でも蒸発しているからなんです。

蒸発は，液面付近で，運動の活発な粒子が粒子間の引力を振り切って飛び出していくために起こります。

液体を加熱して温度を高くしていくと，**液体内部からも気体が発生して出ていく現象**が起こります。

これを沸騰（ふっとう）といい，このときの温度を沸点といいます。

沸騰が起こっている間は，**温度は沸点で一定に保たれます**。

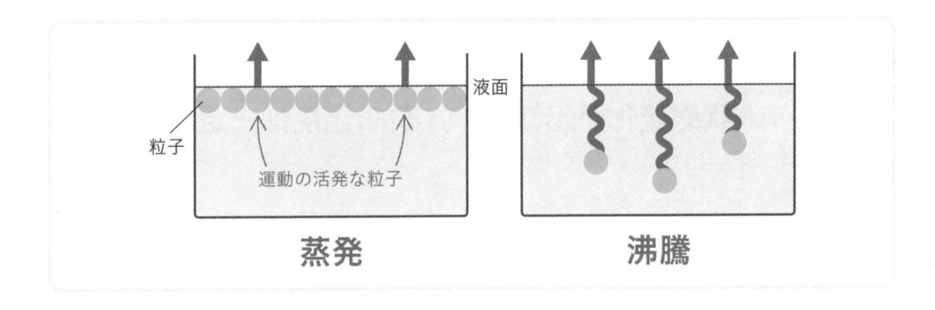

反対に，**気体が液体になる現象**を凝縮（ぎょうしゅく）といいます。

蒸発は，常温でも起こる**液体→気体の状態変化**。
沸騰は，沸点で起こる**液体内部での状態変化**。

❸ 固体→気体，気体→固体

固体が直接気体になる変化を昇華といいます。
分離・精製法で登場しましたね(p.20)。
反対に，**気体が直接固体になる変化**を，凝華(ぎょうか)といいます。
昇華性をもつ代表的な物質は，**ドライアイス・ヨウ素・ナフタレン**です。

昇華は，粒子間の引力が非常に小さい物質で起こります。
通常は，固体の結合が一部切れて液体へ，次に，残りの結合が切れて気体へと状態変化が起こります。
しかし，引力の小さい物質は，一気にすべての結合が切れ，固体から直接気体に変化するのです。

昇華性をもつのは，粒子間の引力が小さい物質。
ドライアイス・ヨウ素・ナフタレンが代表例。

最後に，状態変化を図でまとめておきましょう。

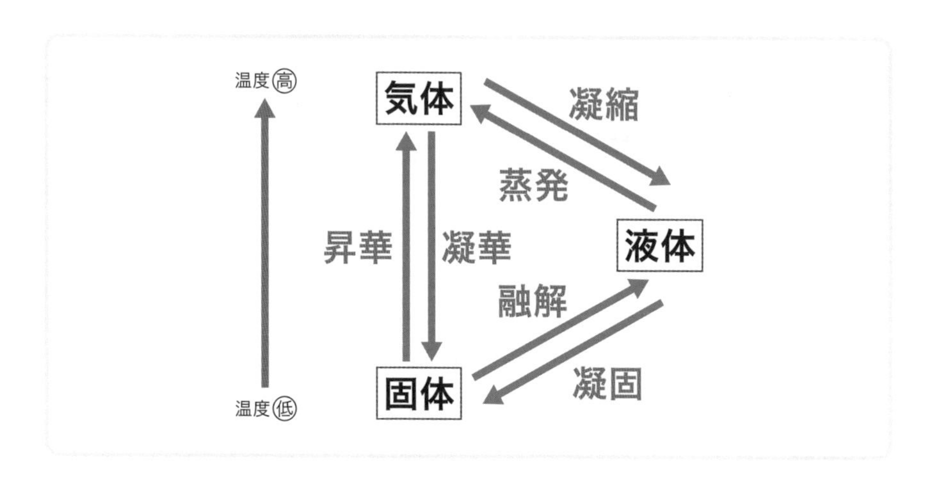

2 粒子にはたらく力

1 物質の状態を決める要因

物質の状態を決める要因のひとつは，**温度**です。
温度を変えると氷が水に変化したり，水が水蒸気に変化したりしますね。

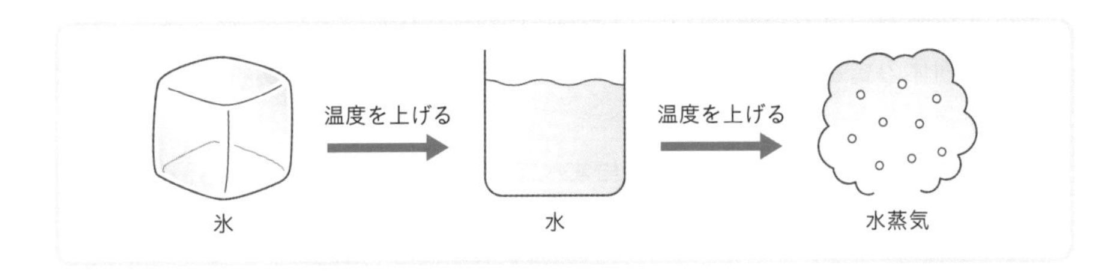

そして，もうひとつの要因は**圧力**です。
これは，一定の圧力（大気圧 1.013×10^5Pa）のもとで生活していると，なかなか目にすることができません。
例を挙げると，「氷の上でスケート靴を履くとよく滑る」というのがこれに相当します。

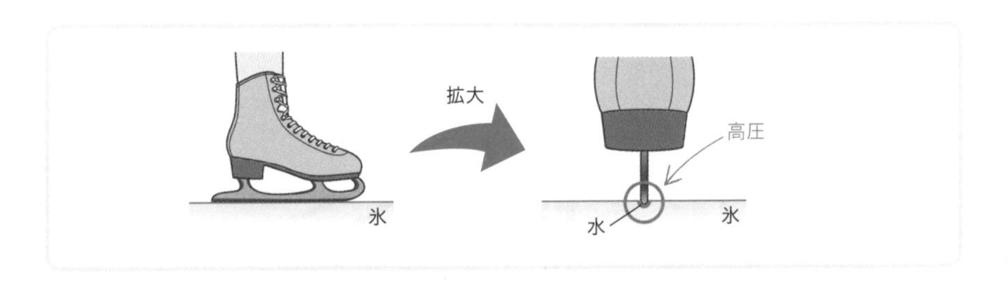

スケート靴の刃と氷の接触面積は小さいですが，そこに人の体重がかかっているため，刃の下の圧力はとても高くなっています。
それにより，そこの部分だけ氷が水に変化して，よく滑るんです。
こんなふうに，圧力が変化したときにも状態変化が起こります。

物質の状態を決める要因は**温度と圧力**。

2 粒子にはたらく力

物質の状態は温度と圧力で決まりますが，私たちが生活したり，実験したりするのは地上であり，圧力はほぼ一定です。
よって，通常，**状態変化は温度に注目して考えていく**ことになります。
では，なぜ温度が変わると状態が変化するのか，考えていきましょう。

温度変化に伴って状態変化が起こるのは，**物質を構成している粒子にはたらく2つの力の大小関係が変化するため**です。

1つ目の力は，**粒子間にはたらく引力**です。
どんな粒子にも，互いに引き合う力がはたらいています。
そして，この引力は粒子の種類で決まるため，温度の影響は受けません。

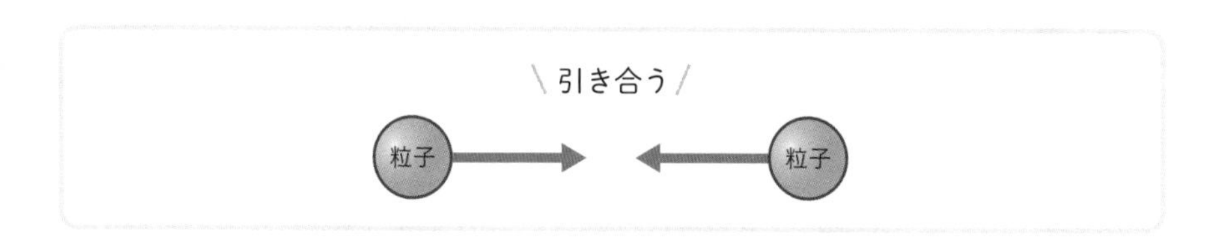

2つ目の力は，**不規則な運動によって散らばろうとする傾向**です。
どんな粒子も，温度に応じた不規則な運動をしていて，これを熱運動といいます。
温度が高くなると熱運動が激しくなります。

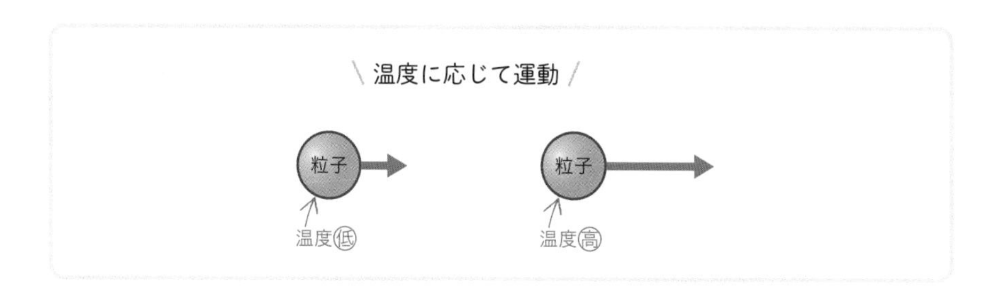

粒子の熱運動の様子は，匂いや煙の広がりを考えるとわかりやすいですよ。
匂いや煙が部屋の１か所で発生すると，時間とともに部屋中に広がっていきますね。
これは粒子が熱運動で広がっていくためです。
これを**拡散**(かくさん)といいます。

この２つの力は，どんな粒子にも必ずはたらいています。
そしてそれらは，「くっつきたい。集まりたい。」という力と「離れたい。バラバラになりたい。」という，相反する力なんです。
この，**相反する２つの力の大小関係が温度で変化し，三態が決まるのです。**

POINT!

物質の状態が温度で決まるのは，
粒子にはたらく２つの力の大小関係が変化
するため。

次のページに，温度変化による粒子にはたらく力の大小関係と，物質の三態の関係をまとめたので，見ておいてくださいね。

粒子間の引力と，熱運動の
どちらが大きいかによって，
固体，液体，気体が
決まるんだね。

❶ 温度が低いとき

熱運動が穏やかであるため，粒子たちは引力で束縛されて固まっています。

すなわち，**固体**です。

粒子間の引力　≫　熱運動　　のとき，固体

❷ 温度を高くしたとき

熱運動が激しくなります。

これにより，粒子たちは一部の引力を振り切って動き始めます。

まだ引力に束縛されていますが，流動性をもつようになります。

すなわち，**液体**です。

粒子間の引力　≒　熱運動　　のとき，液体

❸ さらに温度を高くしたとき

さらに熱運動が激しくなります。

それにより，粒子たちは引力を完全に振り切って自由に運動を始めます。

すなわち，**気体**です。

粒子間の引力　≪　熱運動　　のとき，気体

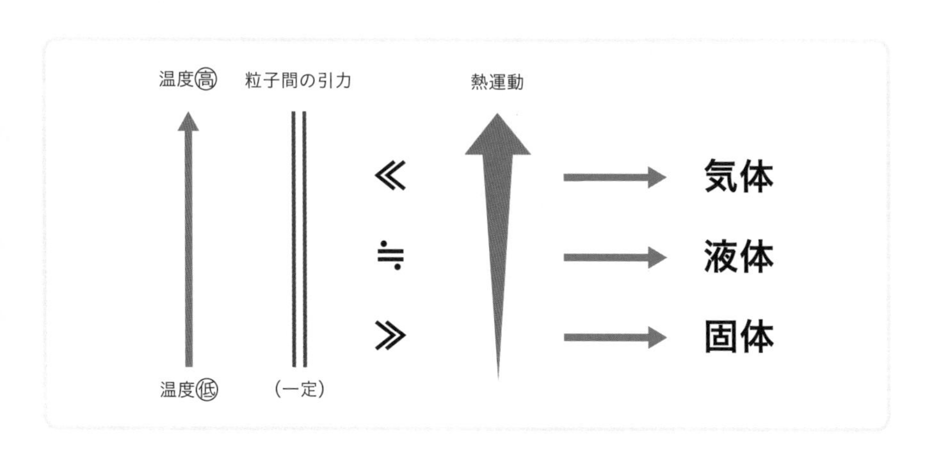

一問一答で講義の内容を確認しよう

OUTPUT TIME

	問題	答え	
1	固体·液体·気体の３つの状態を物質の何という？	（物質の）三態	➡p.32
2	固体が液体に変わるときの温度を何という？	融点	➡p.33
3	固体が液体に変化することを何という？	融解	➡p.33
4	液体が沸騰して気体に変わるときの温度を何という？	沸点	➡p.34
5	液体が気体に変わる変化を何という？	蒸発	➡p.34
6	液体内部で液体が気体に変化し，出ていくことを何という？	沸騰	➡p.34
7	気体が液体に変化することを何という？	凝縮	➡p.34
8	物質の状態は何で決まる？	温度と圧力	➡p.36
9	温度に応じた粒子の運動を何という？	熱運動	➡p.37
10	9の運動によって粒子が広がっていくことを何という？	拡散	➡p.38

第３講, お疲れちゃん。
これで, 第１章は終わり！
物質の状態変化はスラスラ言えるかな？
日常生活で見られる状態変化を
考えてみようね。

第1章 章末チェック問題

【問1】

塩酸，ヨウ素，ドライアイスをそれぞれ，単体，化合物，混合物に分類した。この分類として最も適当なものを，次の①～⑥のうちから1つ選べ。

	単体	化合物	混合物
①	塩酸	ドライアイス	ヨウ素
②	塩酸	ヨウ素	ドライアイス
③	ドライアイス	ヨウ素	塩酸
④	ドライアイス	塩酸	ヨウ素
⑤	ヨウ素	塩酸	ドライアイス
⑥	ヨウ素	ドライアイス	塩酸

【問2】

同素体に関する記述として誤りを含むものを，次の①～⑤のうちから1つ選べ。

① ダイヤモンドは炭素の同素体の１つである。
② 炭素の同素体には電気を通すものがある。
③ リンには同素体が存在する。
④ 硫黄の同素体にはゴムに似た弾性をもつものがある。
⑤ オゾンには同素体が存在しない。

【問３】

下に示した蒸留装置について，あとの問いａ，ｂに答えよ。

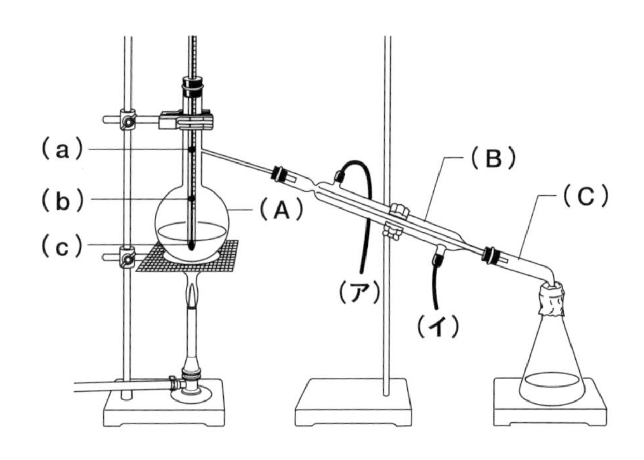

a 器具(**A**)～(**C**)の名称として適切なものを，次の①～⑥のうちから１つ選べ。

	(A)	(B)	(C)
①	丸底フラスコ	アスピレーター	アダプター
②	枝付きフラスコ	リービッヒ冷却器	アダプター
③	メスフラスコ	ビュレット	ろうと
④	丸底フラスコ	リービッヒ冷却器	ろうと
⑤	枝付きフラスコ	ビュレット	ビーカー
⑥	メスフラスコ	アスピレーター	ビーカー

b 次の**ア**～**オ**の記述のうち，正しいもののみをすべて含む組み合わせはどれか。あとの①～⑨のうちから１つ選べ。

ア 蒸留装置に用いる器具(**B**)の水は(**イ**)から(**ア**)へ流す。
イ 沸騰石は突発的な沸騰を防ぐために器具(**A**)に入れる。
ウ 温度計下端の球部の位置は，(**a**)にする。
エ 温度計下端の球部の位置は，(**b**)にする。
オ 温度計下端の球部の位置は，(**c**)にする。

① [**ア**，**ウ**]　② [**ア**，**エ**]　③ [**ア**，**オ**]
④ [**イ**，**ウ**]　⑤ [**イ**，**エ**]　⑥ [**イ**，**オ**]
⑦ [**ア**，**イ**，**ウ**]　⑧ [**ア**，**イ**，**エ**]　⑨ [**ア**，**イ**，**オ**]

【問4】

次のア～オで行う物質の分離操作について，いずれにも該当しないものを，あとの①～⑥のうちから1つ選べ。

ア 塩化ナトリウムとナフタレンの混合物を加熱して，発生したナフタレンの蒸気を集め，冷却して固体に戻すことで分離する。

イ 少量の塩化ナトリウムを含む硝酸カリウムを熱水に溶解させたのち，徐々に冷却すると硝酸カリウムのみが析出する。

ウ 砂の混じった水をろ紙の上から注ぎ，水を分離する。

エ 油性インク中の成分色素を，ろ紙への吸着のしやすさの違いを利用して分離する。

オ 石油中の成分を沸点の違いを利用して分離する。

① ろ過　② 蒸留（分留）　③ 再結晶　④ 昇華法
⑤ 抽出　⑥ クロマトグラフィー

【問5】

1種類の分子のみからなる物質の，大気圧下での三態に関する記述として誤りを含むものを，次の①～⑤のうちから1つ選べ。

① 気体の状態より液体の状態の方が分子間の平均距離は短い。
② 液体中の分子は熱運動によって相互の位置を変えている。
③ 状態変化が起こっているときは温度が変化している。
④ 固体を加熱したとき，液体を経ないで直接気体に変化するものがある。
⑤ 液体の表面では常に蒸発が起こっている。

【問6】

100gの氷を大気圧のもとで加熱すると，液体の水を経て，最終的にすべてが水蒸気に変化した。そのときの加熱時間と温度の関係を模式的に示したものが下図である。あとの問い a，b に答えよ。

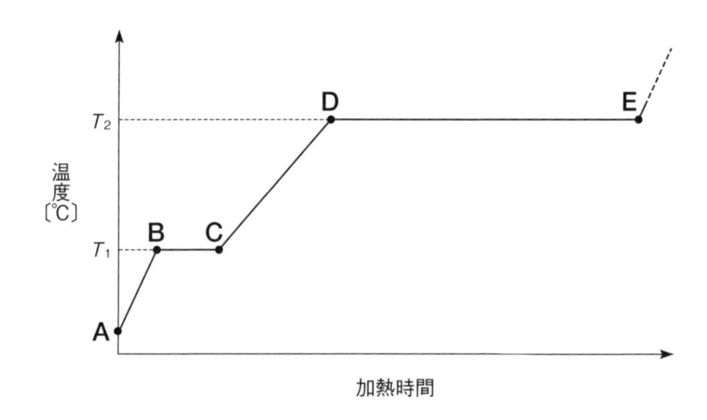

a 図に関する記述として誤りを含むものはどれか。最も適当なものを，次の①〜④のうちから1つ選べ。

① 温度差$(T_2 - T_1)$は100℃である。
② 温度T_2は，大気圧以外の環境でも変化しない。
③ 温度T_2では，液体の水の内部からも水蒸気が発生している。
④ どの状態でも，分子の熱運動が起こっている。

b 図の BC，CD，DE 間における物質の状態として最も適切なものを，次の①〜④のうちから1つ選べ。

	BC	CD	DE
①	固体	固体と液体	液体
②	液体	液体と気体	気体
③	固体と液体	液体	液体と気体
④	固体	液体	気体

解　答

【問1】 ⑥

【問2】 ⑤

【問3】 a ②　b ⑦

【問4】 ⑤

【問5】 ③

【問6】 a ②　b ③

解き方

【問1】

それぞれを化学式で書いてみましょう。

1つの化学式で表せるものは純物質，2つ以上で表されるものは混合物です。
純物質は，さらに，1種類の元素からなる単体と，2種類以上の元素からなる化合物に分けられます。

塩酸　➡　$HCl + H_2O$

塩酸は第5章『酸と塩基の反応』でよく出る物質で，塩化水素酸の略です。
「塩化水素」は気体の HCl。
「酸」が付いていたら水溶液の状態なので，$HCl + H_2O$ となり，1つの化学式で表すことができないため**混合物**です。

ヨウ素　➡　I_2

抽出(p.19)や**昇華法**(p.20)を説明したときに登場した物質ですね。
1つの化学式で表すことができるので**純物質**。
そして，1種類の元素（I のみ）でできているため**単体**です。

ドライアイス　➡　CO_2

昇華性をもつ物質としても確認しましたね。
1つの化学式で表すことができるので**純物質**。
そして，C と O の2種類の元素からできているため**化合物**です。

以上より，**答** ⑥が解答となります。

【問2】

それぞれの選択肢を確認していきましょう。

① 炭素にはダイヤモンドや黒鉛，フラーレンなどの同素体があります。

➡ 正

② 黒鉛には電気伝導性があります。 ➡ 正

③ リンには黄リンと赤リンの同素体があります。 ➡ 正

④ 硫黄には斜方硫黄，単斜硫黄，ゴム状硫黄の同素体があり，ゴム状硫黄には弾性があります。 ➡ 正

⑤ オゾンと酸素は互いに同素体です。 ➡ 誤

以上より，答 ⑤が解答となります。

同素体が存在する代表的な元素は，「SCOP（スコップ）」と覚えておきましょう（p.26）。

【問3】

a 実験に使う器具の名前は1つずつ頭に入れていきましょう。

（A）は，蒸気がリービッヒ冷却器に入っていくための枝がついたフラスコ。

➡ **枝付きフラスコ**

（B）は，蒸気を水で冷却し，液体に戻すための器具。

➡ **リービッヒ冷却器**

（C）は，リービッヒ冷却器とフラスコを接続する器具。

➡ **アダプター**

以上より，答 ②が解答となります。

b 蒸留の実験装置で気をつけるべき点を押さえておきましょう。

ア リービッヒ冷却器内を水で満たしておく必要があるため，**水は下（イ）から上（ア）に流します**。

イ 沸騰石は，急激な沸騰（突沸）を防ぐため，枝付きフラスコに入れておきます。

ウ～オ 蒸気の温度を正確に測定するため，**温度計の先端はフラスコの分枝部（a）にします**。

以上より，答 ⑦が解答となります。

蒸留の実験装置については，p.17で確認しておきましょう。

【問4】

それぞれの分離操作を確認していきましょう。

ア 塩化ナトリウムには昇華性がないのに対し，ナフタレンには昇華性があるため，**昇華法**(④)を利用して分離することができます(p.20)。

イ 塩化ナトリウムは，温度が変化しても溶解度がほぼ一定なのに対し，硝酸カリウムは温度が変化すると溶解度が大きく変化します。
よって，**再結晶**(③)で分離できます(p.18)。

ウ 砂は，ろ紙の穴を通り抜けることができないのに対し，水は，ろ紙の穴を通り抜けることができるため，**ろ過**(①)で分離できます(p.15)。

エ インクの成分色素は，ろ紙への吸着力が異なるため，**クロマトグラフィー**(⑥)を用いて分離することができます(p.21)。

オ 石油中に含まれている成分は，沸点が異なるため，**分留**(②)で分離することができます(p.16)。

以上より，該当しないものは **答** ⑤の抽出です。

【問5】

それぞれの選択肢を確認していきましょう。

① 液体に比べて，**気体は熱運動が激しく，分子が自由に動き回っている**(p.39)ため，気体の方が分子間の距離が大きくなります。 ➡ **正**

② 液体は流動性があり，分子どうしが相互の位置を変えています(p.39)。
➡ **正**

③ 状態変化が起こっている間は，温度が一定に保たれます(p.33)。
融点や沸点などがその温度に相当します。 ➡ **誤**

④ 固体から直接気体に変化することを昇華といい，ドライアイスやヨウ素，ナフタレンなどが昇華性をもちます(p.35)。 ➡ **正**

⑤ 沸騰は沸点で起こりますが，蒸発は沸点以下でも起こっています(p.34)。
➡ **正**

以上より，**答** ③が解答となります。

【問6】

まず，与えられた図における状態を確認しておきましょう。

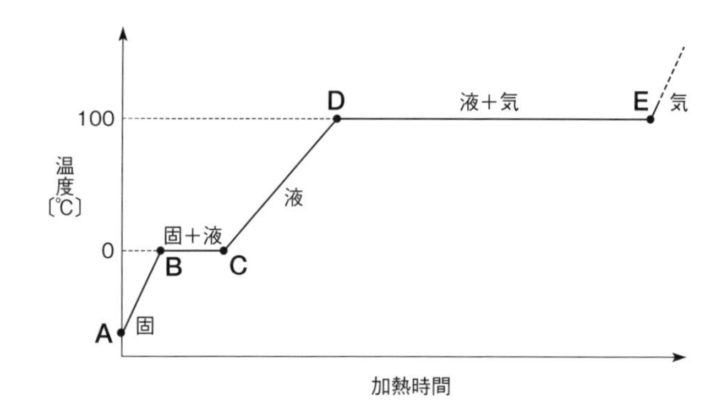

a 選択肢を順に確認しましょう。

① 温度 T_1 は水の融点なので 0 ℃，T_2 は沸点なので 100 ℃です。よって，温度差($T_2 - T_1$)は 100 − 0 ＝ 100 ℃となります。 ➡ **正**

② 物質の状態を決める要因は温度と圧力でしたね。すなわち，沸点は外気圧が変化すると変わります。例えば，山の上では，水は 100 ℃より低い温度で沸騰します。 ➡ **誤**

③ 沸点では沸騰が起こっており，沸騰は液体の内部からも気体が発生する現象です。 ➡ **正**

④ どんな状態でも，粒子の熱運動はおこなわれています。 ➡ **正**

以上より，**答** ②が解答となります。

b 物質の融解や沸騰が起こっている間は，温度は一定に保たれます。

すなわち，**BC** 間は氷と水，**CD** 間は水，**DE** 間は水と水蒸気として存在します。

よって，**答** ③が解答となります。

第2章

物質の構成粒子

Constituent particles of substance

INTRODUCTION
これから学ぶこと！

坂田先生

拓海くん，葵さん，物質を分割していったら，
最終的にどんな粒にたどり着くと思う？

拓海

知ってるよ。**原子**でしょ？

坂田先生

そう！
じゃあ，最初に**原子とは何か**を唱えた人は誰か知ってる？

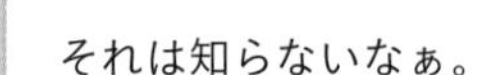

拓海

それは知らないなぁ。

坂田先生

1803年に**ドルトン**って人が
「すべての物質は，それ以上分割することができない最小の
粒子からできており，それぞれ固有の質量と大きさをもつ」
って提唱したんだよ。

葵

うーん……。ドルトンが考えた原子って，
小さい小さいビー玉みたいな感じ？

坂田先生

そうね！
でも，本当の原子は，いくつかのパーツからできているし，
ビー玉みたいな硬い塊じゃなくて，スカスカなんだよ。

葵

そうなの？ じゃあ，ドルトンが考えた原子は間違ってたんだ！

坂田先生

そうだね。この章では，肉眼では確認できない
ミクロの世界を化学の目でのぞいてみるよ。

第4講 原子の構造

1 原子の構造

1 原子の大きさと構造

原子は直径**約 10^{-8}cm**（1cm の 1 億分の 1）の非常に小さい粒子です。
中心に**陽子**と**中性子**から構成されている**原子核**があり，その周りを**電子**が取り巻いています。

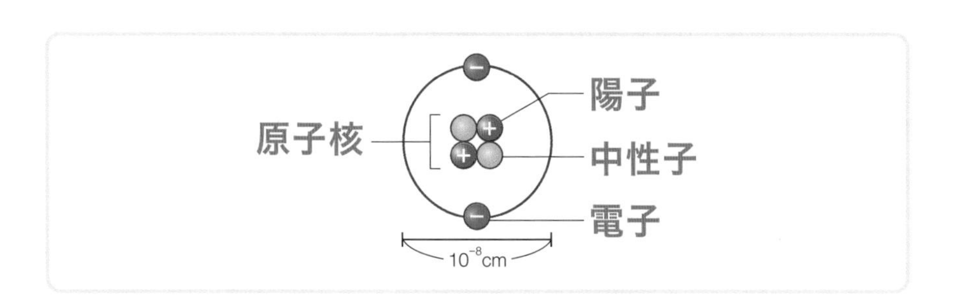

原子核の大きさは，約 10^{-13} ～ 10^{-12} cm なので，原子の大きさの 10 万分の 1 ～ 1 万分の 1 しかありません。
これは，1 円玉（原子核）と甲子園球場（原子）の大きさの関係に相当します。
そう考えると，原子はスカスカですね。

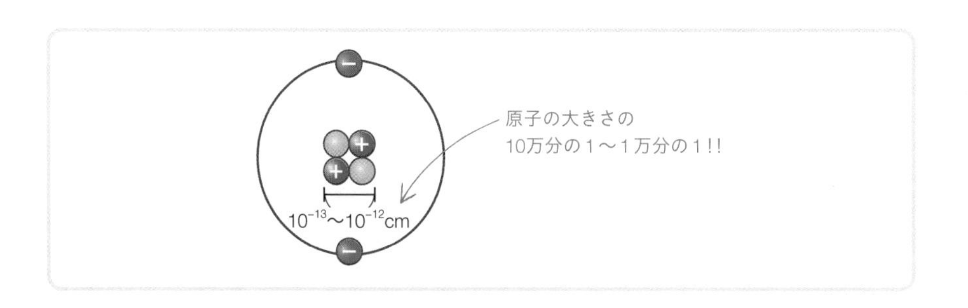

それでは，原子を作っているパーツを，もう少しくわしく見ていきましょう。

❶ 陽子

陽子は，原子核に存在する，**正電荷をもつ粒子**です。
電荷というのは，粒子がもつ電気量のことですよ。
1個あたりの質量は 1.673×10^{-24}g で，中性子とほぼ同じです。

❷ 中性子

中性子は，原子核に存在する，**電荷をもたない粒子**です。
1個あたりの質量は 1.675×10^{-24}g で，陽子とほぼ同じです。

❸ 電子

電子は，原子核の周りを取り巻いている，**負電荷をもつ粒子**です。
1個あたりの質量は 9.109×10^{-28}g で，陽子や中性子の質量の約 $\frac{1}{1840}$ です。

陽子1個の電荷と，電子1個の電荷の絶対値は 1.602×10^{-19}C（クーロン）で同じです。
これを**電気素量**（でんきそりょう）といいます。C（クーロン）は電荷の単位ですよ。
このままの数値では扱いにくいため，陽子の電荷を＋1，電子の電荷を－1として考えていきます。

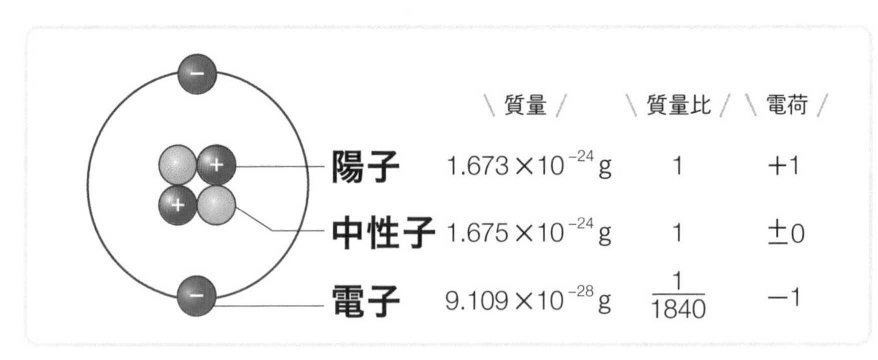

	質量	質量比	電荷
陽子	1.673×10^{-24}g	1	+1
中性子	1.675×10^{-24}g	1	±0
電子	9.109×10^{-28}g	$\frac{1}{1840}$	−1

POINT!

原子は**原子核（陽子・中性子）と電子**から
できている直径**約 10^{-8}cm** の粒子。

2 原子番号と質量数

原子を作っているパーツの中で，その原子の性質を決めるパーツはどれなのか，確認していきましょう。

❶ 化学的性質を決めるパーツ

原子の化学的な性質を決めるパーツは何だと思いますか？
化学では，電子に注目することが多いため，「電子！」と答えた人が多いかもしれません。
しかし，電子の数を決めているのは，実は陽子なんです。

下の図の原子を見てください。
この原子には，電子が２つありますが，それは陽子が２つあるからです。
＋が２つあるから，－が２つ引き寄せられてきたんですね。

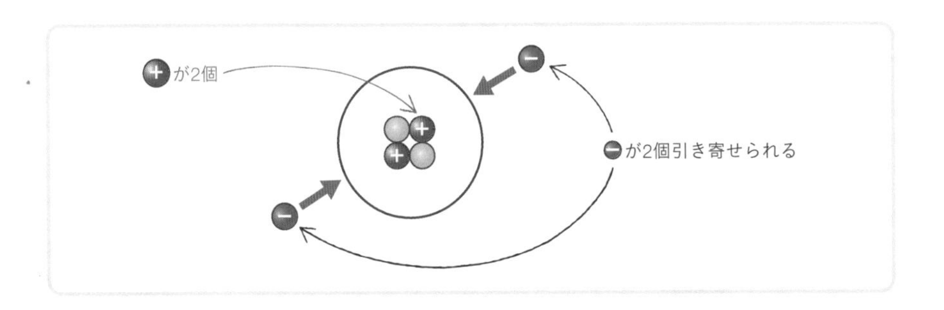

このように，原子の**化学的な性質を決めるパーツは陽子**であるため，陽子の数を**原子番号**として，原子を管理していきます。
周期表(p.76)の元素は，原子番号順に並んでいます。

「陽子の数」は原子番号！

② 物理的性質を決めるパーツ

物理的な性質といえば，粒子の運動に関係する性質です。
原子の運動のしやすさを決める要因の１つは「重さ」ですね。
化学では，重さを質量で表していきますよ。
では，原子を作っている３つのパーツの質量比を確認してみましょう。

$$\textbf{陽子：中性子：電子} \fallingdotseq 1:1:\frac{1}{1840}$$

これを金額に置き換えると，陽子は１万円，中性子も１万円，電子は５円くらいなんです。
例えば２万５円が財布に入っているとき，お友達に「いくら持ってる？」と聞かれたら，「ん？２万。」って，５円を省略して答えますよね。

同様に，「原子の重さ ≒ 陽子 ＋ 中性子の重さ」のように，電子の重さを省略して考えることができます。
よって，**物理的な性質を決めるパーツは陽子と中性子**です。

では，下に示す原子の重さを質量で表してみましょう。

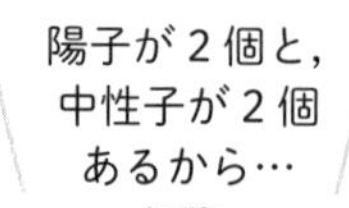

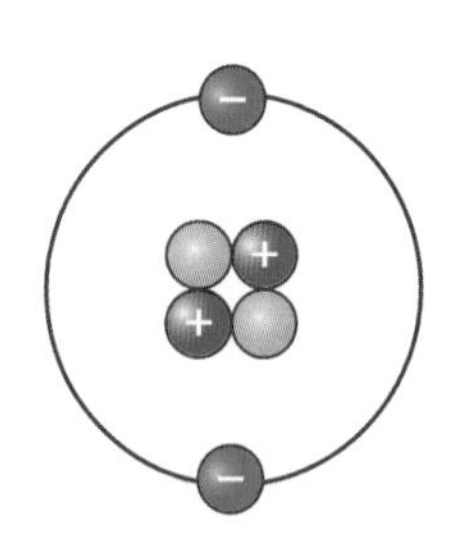

陽子１個が 1.673×10^{-24}g，中性子１個が 1.675×10^{-24}g であるため，この原子の質量は，

$$1.673 \times 10^{-24} \times 2\text{g} + 1.675 \times 10^{-24} \times 2\text{g}$$

となります。
あまりに小さい数字なので，なかなか想像できませんね。

そこで，**原子の重さを，質量そのままではなく陽子と中性子の合計粒子数で表します**。
この原子の重さは，陽子２つと中性子２つで合計「４つ分」です。
陽子と中性子の合計粒子数は，原子の質量の代わりになる数値，すなわち物理的な性質を表す数値であるため，**質量数**として原子を管理していきます。

「陽子と中性子の合計粒子数」が質量数！

❸ 原子番号と質量数の表し方

原子番号と質量数は，原子を管理する上でとても大切な数値であるため，**元素記号の横に表記**していきます。
原子番号は左下，質量数は左上に書きます。

質量数 → 4
原子番号 → 2

$$^{4}_{2}\mathrm{He}$$

ただし，原子番号２番はヘリウム，反対にヘリウムは原子番号２番，というのは化学では常識であるため省略して，質量数だけを書くことも多いです。

元素記号の**左下に原子番号，左上に質量数**。

また，

質量数　－　原子番号　＝　中性子の数
（質量数：陽子の数＋中性子の数，原子番号：陽子の数）

という関係も覚えておきましょう。

3 同位体

1 同位体

多くの元素には，**原子番号が同じで質量数の異なる原子**が存在します。
言い換えると，**陽子の数が同じで中性子の数が異なる原子**です。
これを**同位体（アイソトープ）**といいます。

＼ 同位体 ／

$^{1}_{1}\mathrm{H}$　$^{2}_{1}\mathrm{H}$

同位体は，**自然界ではほぼ一定の割合で混ざって存在**しています。

一方，自然界に同位体が存在しない元素もあります。
代表例はフッ素 F・ナトリウム Na・アルミニウム Al です。

POINT!

多くの元素には，
原子番号が同じで質量数の異なる同位体が，
一定の割合で混ざって存在している。

2 放射性同位体

同位体の中には，原子核が不安定で，**放射線（α線，β線，γ線など）を出しながら壊れて，他の原子に変化するもの**があります。
これを，**放射性同位体（ラジオアイソトープ）**といいます。

また，放射線を放出する性質のことを**放射能**，放射性同位体が壊れて半分の量になるまでにかかる時間を**半減期**といいます。

大気中の炭素 C には，一定の割合で質量数 14 の ^{14}C という放射性同位体が存在しています。
そして，^{14}C は光合成により植物に取りこまれ，さらに，食物連鎖によって動物に取りこまれます。
そのため，生体内の ^{14}C は一定の割合で保たれています。

しかし，死んでしまうと ^{14}C が取りこまれなくなるため，放射性同位体である ^{14}C は壊れて減少していきます。
また，^{14}C の半減期は 5730 年ということがわかっています。
つまり，5730 年ごとに半分の量になっていきます。
そこで，半減期と生体内の ^{14}C の存在比から，その生物が生きていた年代を推定することができます。

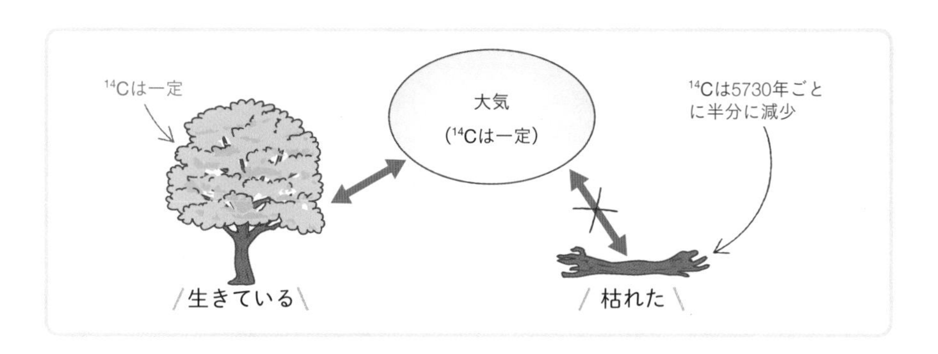

例えば，ある化石に含まれる ^{14}C の割合が生存時の 4 分の 1 だったら，この化石は死んでから半減期 2 回分が経過していることになります。
つまり，$5730 \times 2 = 11460$ 年前に死んだことがわかります。

一問一答で講義の内容を確認しよう

OUTPUT TIME

3分

	問題	答え	
1	原子の直径は約何cm？	約10^{-8} cm	➡ p.51
2	原子核を構成している粒子は何？ ２つ答えよう。	陽子，中性子	➡ p.51
3	原子番号は何の数？	陽子の数	➡ p.53
4	質量数は何の数？	陽子と中性子の 合計粒子数	➡ p.55
5	元素記号の左上に書くのは原子番号？ それとも質量数？	質量数	➡ p.55
6	酸素 $^{16}_{8}O$ の原子番号は？	8	➡ p.55
7	塩素 $^{35}_{17}Cl$ の中性子の数は？	18（35−17=18）	➡ p.55
8	原子番号が同じで，質量数の異なる原子どうしを互いに何という？	同位体［アイソトープ］	➡ p.56
9	8 の中で，放射線を放出して壊れ，他の原子に変化するものを何という？	放射性同位体 ［ラジオアイソトープ］	➡ p.57
10	9 が壊れて半分の量になるまでにかかる時間を何という？	半減期	➡ p.57

第４講，お疲れちゃん。
原子の構造は大丈夫かな。
同素体（p.26）と同位体を間違えないように
復習しておこうね。

第5講 電子配置

1 電子殻と電子配置

1 電子殻

原子核の周りを取り巻く電子は，いくつかの層に分かれて存在しています。
これを**電子殻**(でんしかく)といい，内側からK殻，L殻，M殻，N殻，…とよばれています。

電子殻は空間的に広がっていますが，ここからは平面的に表した模式図で考えていきます。

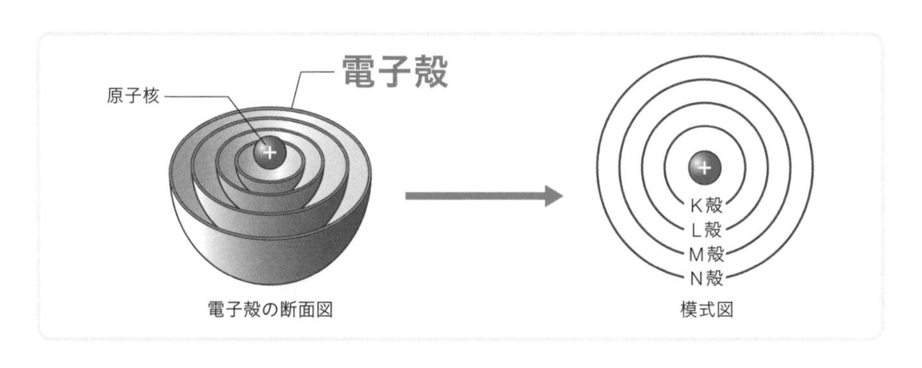

電子殻の断面図　　模式図

電子殻は内側から，
K殻，L殻，M殻，N殻。

外側の電子殻ほど円が大きくなるため，収容される電子の最大数(以下，最大収容数)は大きくなります。
K殻から順に n ＝ 1，2，3，…と番号をつけると，**最大収容数は $2n^2$ 個**と表すことができます。

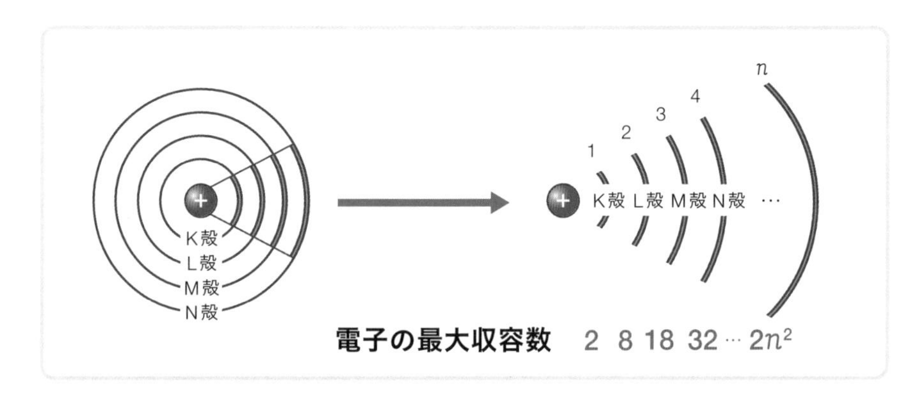

② 電子配置

では，どのような順番で電子が電子殻に入っていくか，考えましょう。

電子はマイナスに帯電しており，プラスに帯電している原子核に引かれるため，一番内側の **K殻から順に入っていきます**。
1個目の電子はK殻，2個目の電子もK殻。
K殻の最大収容数は $2 \times 1^2 = 2$ なので，これで満席です。

このように，電子殻が最大収容数の電子で満たされたとき，その電子殻を**閉殻**(へいかく)といいます。
閉殻は非常に安定な電子の配列のしかたです。

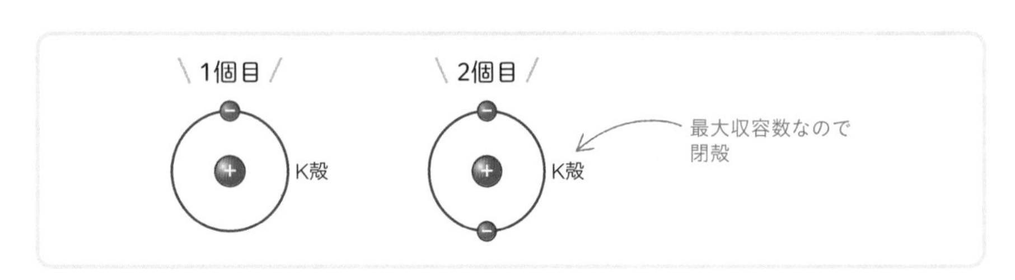

そして，3 個目の電子から L 殻に入ります。
L 殻の最大収容数は $2 \times 2^2 = 8$ なので，3 個目から 10 個目の電子までの 8 個の電子が L 殻に入り，閉殻になります。

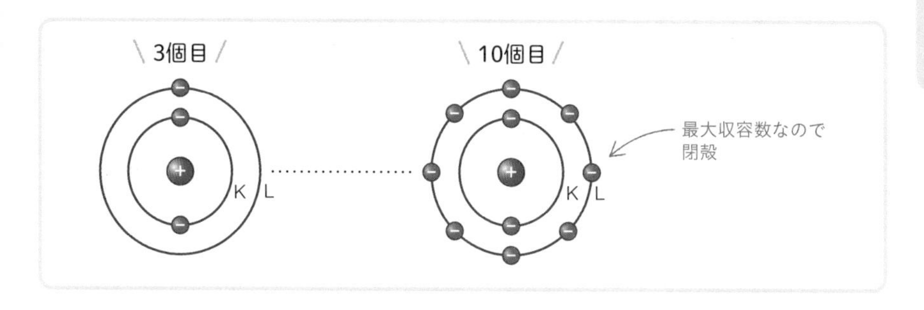

このような，電子殻への電子の入り方を**電子配置**といい，一番外側の電子殻(最外殻)に入っている電子を**最外殻電子**（さいがいかくでんし）といいます。

次に，M 殻への電子の入り方を確認しましょう。
M 殻の最大収容数は $2 \times 3^2 = 18$ なので，11 個目から 28 個目までの計 18 個の電子が M 殻に入るはずですね。
しかし，実際には 11 個目から 18 個目の計 8 個が入ると，19 個目からは，次の N 殻に入ります。

このように，18 個収容可能であっても 8 個入ると次の殻に行くのは，8 個入ったとき，**閉殻同様とても安定な状態**だからなんです。
最外殻に電子が 8 個入った状態を**オクテット**といいます。

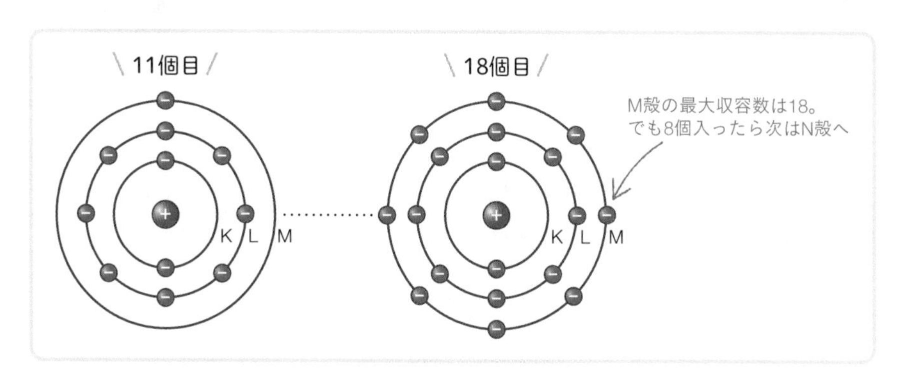

では，化学基礎で必要な，原子番号 1 番から 20 番までの電子配置をまとめておきましょう。
例えば，アルミニウム原子 $_{13}Al$ は，K 殻に 2 個，L 殻に 8 個，M 殻に 3 個の電子が入っているので，電子配置は K2，L8，M3 と表記していきます。

▶原子の電子配置

原子番号	原子	電子配置
1	$_{1}H$	K1
2	$_{2}He$	K2
3	$_{3}Li$	K2，L1
4	$_{4}Be$	K2，L2
5	$_{5}B$	K2，L3
6	$_{6}C$	K2，L4
7	$_{7}N$	K2，L5
8	$_{8}O$	K2，L6
9	$_{9}F$	K2，L7
10	$_{10}Ne$	K2，L8

原子番号	原子	電子配置
11	$_{11}Na$	K2,L8,M1
12	$_{12}Mg$	K2,L8,M2
13	$_{13}Al$	K2,L8,M3
14	$_{14}Si$	K2,L8,M4
15	$_{15}P$	K2,L8,M5
16	$_{16}S$	K2,L8,M6
17	$_{17}Cl$	K2,L8,M7
18	$_{18}Ar$	K2,L8,M8
19	$_{19}K$	K2,L8,M8,N1
20	$_{20}Ca$	K2,L8,M8,N2

電子配置は
書けるように
しようね。

POINT!

K殻 ➡ **最大収容数 2 個で安定（閉殻）。**
L殻 ➡ **最大収容数 8 個で安定（閉殻）。**
M殻 ➡ 最大収容数 18 個だが，
8 個で安定（オクテット）。

電子配置を見ると，その原子について２つのことがわかります。
アルミニウム原子 $_{13}Al$（電子配置 K2，L8，M3）を例に確認していきましょう。

❶ 電子殻の数が周期と一致する。

周期表（p.76）の横の行を**周期**といいます。
アルミニウムは周期表で３行目にあるので，第３周期です。
電子殻の数（K・L・Mの３つ）と周期（第３周期）が一致しています。

❷ 最外殻電子の数が族の下一桁と一致する。

周期表の縦の列を**族**といいます。
アルミニウムは周期表の左から13列目の13族にあります。
最外殻電子の数（K2，L8，M3だから３個）と族の下一桁（13族）が一致しています。

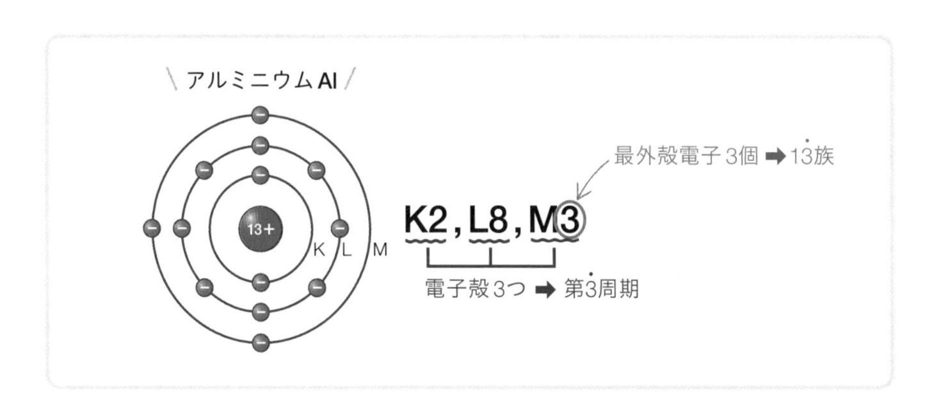

③ 価電子

最外殻電子は，原子がイオンになったり，他の原子と結びついたりするのに関与する非常に大切な電子です。
このような，「結合に関与する電子」を**価電子**（かでんし）といいます。
次のページで紹介する貴ガス（p.64）以外は，最外殻電子＝価電子です。
価電子の数が同じ原子どうしは，化学的性質がよく似ています。

④ 貴ガスの原子の電子配置

周期表 18 族の元素を**貴ガス(希ガス)**といいます。
貴ガスの原子は最外殻が閉殻になっているか，閉殻同様に安定なオクテットになっています。

▶**貴ガスの電子配置**

元素名	原子	電子配置	最外殻
ヘリウム	$_{2}He$	K2	閉殻
ネオン	$_{10}Ne$	K2，L8	閉殻
アルゴン	$_{18}Ar$	K2，L8，M8	オクテット

原子自身が単独で安定しているため，**他の原子と結合したり反応したりしません。**
反応性が低く元気がない気体という意味で，貴ガスを**不活性ガス**ともいいます。

また，他の原子と結びついたりしないため，結合に関与する電子，すなわち**価電子の数は 0** となります。
最外殻電子の数と価電子の数が一致しないのは貴ガスだけです。
注意しましょう！

▶**最外殻電子と価電子の数**

	元素名	原子	電子配置	最外殻電子の数	価電子の数
貴ガス以外	酸素	$_{8}O$	K2，L6	6	6
	アルミニウム	$_{13}Al$	K2，L8，M3	3	3
貴ガス	ヘリウム	$_{2}He$	K2	2	0
	ネオン	$_{10}Ne$	K2，L8	8	0
	アルゴン	$_{18}Ar$	K2，L8，M8	8	0

基本的に，**最外殻電子の数 ＝ 価電子の数。**
貴ガスだけ，価電子の数は 0 。

一問一答で講義の内容を確認しよう

OUTPUT TIME

	問題	答え
1	原子核の周りの，電子が存在する層を何という？	電子殻 ➡ p.59
2	内側から数えて2番目の 1 に入る電子は最大何個？	8個（$2 \times 2^2 = 8$） ➡ p.60
3	一番外側の 1 にある電子を何という？	最外殻電子 ➡ p.61
4	カルシウム原子の電子配置は？　例：K2，L7	K2，L8，M8，N2（カルシウムは原子番号20） ➡ p.62
5	原子の電子配置がK2，L8，M6で表される元素は？	硫黄［S］（硫黄は原子番号16） ➡ p.62
6	1 が最大収容数の電子で満たされている状態を何という？	閉殻 ➡ p.60
7	原子の最外殻が 6 の状態になっている元素は？ 1つ答えよう。	ヘリウムまたはネオン ➡ p.64
8	結合に関与する電子のことを何という？	価電子 ➡ p.63
9	最外殻電子の数と 8 の数が一致しないのは何とよばれる元素？	貴ガス［希ガス］ ➡ p.64
10	9 の元素の価電子は何個？	0個 ➡ p.64

第5講，お疲れちゃん。
電子配置は結合を考えるときに重要になるよ。
原子番号20番まではスラスラ書けるようになっておこうね。

第6講 イオン

1 イオンとイオンの生成

1 イオン

周期表 18 族の貴ガスの原子は，最外殻の電子配置が閉殻もしくはオクテットで，非常に安定していることを確認しましたね。
では，貴ガス以外の原子はどうでしょうか。

貴ガス以外の原子はすべて，最外殻が閉殻でもオクテットでもないため，電子配置が不安定です。
しかし，電子を放出したり受け取ったりして，**貴ガスと同じ安定な電子配置**になります。それが，**イオン**です。

原子は「陽子の数 ＝ 電子の数」なので電気的に中性です。
ここから，電子を放出して**陽子の数 ＞ 電子の数**となり，正に帯電したものを**陽イオン**といい，陽イオンになる性質のことを**陽性**といいます。
同様に，原子が電子を受け取って**陽子の数 ＜ 電子の数**となり，負に帯電したものを**陰イオン**といい，陰イオンになる性質のことを**陰性**といいます。

そして，放出したり受け取ったりした電子の数をイオンの**価数**といいます。

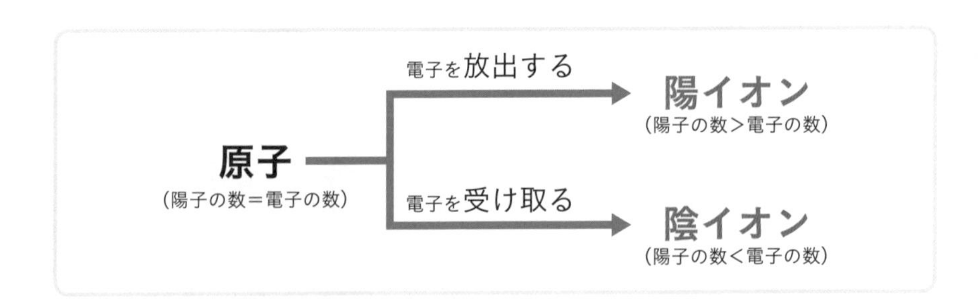

② 陽イオン

一般的に陽イオンになりやすいのは，**価電子の数が少ない（1～3個）原子**です。価電子の少ない原子は，電子を受け取るより放出した方が，簡単に貴ガスの原子と同じ電子配置になることができるからです。

ナトリウム原子 $_{11}Na$（電子配置 K2，L8，M1）で考えてみましょう。
ナトリウムが貴ガスと同じ電子配置になるには，2 つの選択肢があります。

❶ M 殻の電子を 1 つ放出して L 殻を閉殻にする。

➡ネオン原子 $_{10}Ne$ と同じ電子配置（K2，L8）

❷ M 殻に電子を 7 つ受け取って M 殻をオクテットにする。

➡アルゴン原子 $_{18}Ar$ と同じ電子配置（K2，L8，M8）

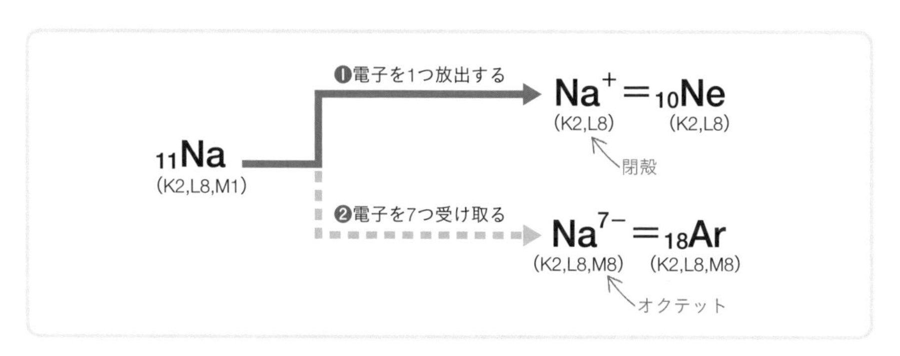

❶の「電子を放出する」方が簡単ですね。

このとき放出した電子は 1 個なので，ナトリウムは 1 価の陽イオンになります。イオンは，**価数を元素記号の右上に表記した化学式**で表します（1 価の「1」は省略します）。
そして，陽イオンの名前は**「元素名＋イオン」**です。
ナトリウムは「ナトリウムイオン」となります。

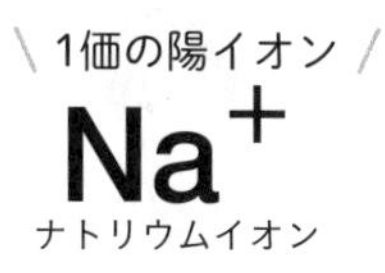

2価の陽イオン

Ca^{2+}

カルシウムイオン

第2章 物質の構成粒子

③ 陰イオン

一般的に陰イオンになりやすいのは，**価電子の数が多い（6，7個）原子**です。
価電子の多い原子は，電子を放出するより受け取る方が，簡単に貴ガスの原子と同じ電子配置になることができるからです。

フッ素原子 $_{9}F$（電子配置 K2，L7）で考えてみましょう。
フッ素が貴ガスと同じ電子配置になるには，2つの選択肢があります。

❶ L殻の電子を7つ放出してK殻を閉殻にする。
➡ヘリウム原子 $_{2}He$ と同じ電子配置（K2）

❷ L殻に電子を1つ受け取ってL殻を閉殻にする。
➡ネオン原子 $_{10}Ne$ と同じ電子配置（K2，L8）

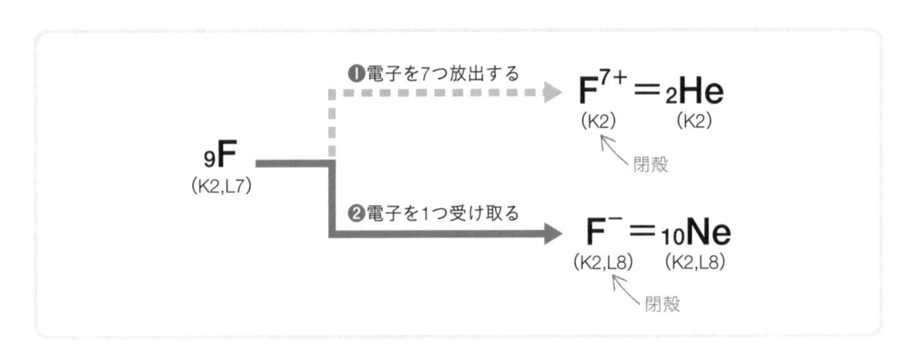

❷の「電子を受け取る」方が簡単ですね。

このとき受け取った電子は1個なので，フッ素は1価の陰イオンになります。
陽イオン同様，化学式では1価の「1」は省略します。
そして，陰イオンの名前は**「元素名の一部＋化物イオン」**です。
フッ素は「フッ化物イオン」となります。

4 代表的なイオン

1個の原子からなるイオンを**単原子イオン**，2個以上の原子からなるイオンを**多原子イオン**といいます。

単原子イオンの場合，陽イオンの名称は「元素名＋イオン」，陰イオンの名称は「元素名の一部＋化物イオン」となり，多原子イオンはそれぞれ固有の名称をもちます。

▶代表的なイオン

	陽イオン		陰イオン	
価数	化学式	名称	化学式	名称
1価	H^+	水素イオン	F^-	フッ化物イオン
	Li^+	リチウムイオン	Cl^-	塩化物イオン
	Na^+	ナトリウムイオン	Br^-	臭化物イオン
	K^+	カリウムイオン	I^-	ヨウ化物イオン
	Cu^+	銅(Ⅰ)イオン	OH^-	水酸化物イオン
	Ag^+	銀イオン	NO_3^-	硝酸イオン
	NH_4^+	アンモニウムイオン	CN^-	シアン化物イオン
	H_3O^+	オキソニウムイオン	CH_3COO^-	酢酸イオン
			HCO_3^-	炭酸水素イオン
2価	Mg^{2+}	マグネシウムイオン	O^{2-}	酸化物イオン
	Ca^{2+}	カルシウムイオン	S^{2-}	硫化物イオン
	Ba^{2+}	バリウムイオン	CO_3^{2-}	炭酸イオン
	Zn^{2+}	亜鉛イオン	SO_4^{2-}	硫酸イオン
	Sn^{2+}	スズ(Ⅱ)イオン	SO_3^{2-}	亜硫酸イオン
	Pb^{2+}	鉛(Ⅱ)イオン		
	Mn^{2+}	マンガン(Ⅱ)イオン		
	Fe^{2+}	鉄(Ⅱ)イオン		
	Cu^{2+}	銅(Ⅱ)イオン		
3価	Al^{3+}	アルミニウムイオン	PO_4^{3-}	リン酸イオン
	Cr^{3+}	クロム(Ⅲ)イオン		
	Fe^{3+}	鉄(Ⅲ)イオン		

練習問題1

電子配置が同じイオンの組み合わせを次の①～⑤からすべて選びなさい。

① O^{2-}・Al^{3+}　② S^{2-}・Na^{+}　③ F^{-}・Ca^{2+}
④ Cl^{-}・Mg^{2+}　⑤ Cl^{-}・K^{+}

「電子配置が同じイオンの組み合わせ」を問われたら，
貴ガスの前後2～3個の原子を書き出してみよう！

解き方

結果的に，**原子は原子番号が最も近い貴ガスと同じ電子配置のイオンになります**。
よって，原子番号順に貴ガスの前後2～3個の原子を書き出してみましょう。
それらのイオンが，その貴ガスと同じ電子配置のイオンになります。

まず，ネオン $_{10}Ne$ で考えてみましょう。原子番号順に Ne の前後を書き出します。

$_{8}O$　$_{9}F$　$\boxed{_{10}Ne}$　$_{11}Na$　$_{12}Mg$　$_{13}Al$

これらのイオン，すなわち O^{2-}，F^{-}，Na^{+}，Mg^{2+}，Al^{3+} はすべて Ne と同じ電子配置(K2，L8)となります。
よって，これらの中で組み合わせになっているものが，イオンの電子配置が同じ組み合わせとなるため，**答** ①の O^{2-}・Al^{3+} が正解の1つです。

次にアルゴン $_{18}Ar$ で考えてみましょう。原子番号順に Ar の前後を書き出します。

$_{16}S$　$_{17}Cl$　$\boxed{_{18}Ar}$　$_{19}K$　$_{20}Ca$

これらのイオン，すなわち S^{2-}，Cl^{-}，K^{+}，Ca^{2+} はすべて Ar と同じ電子配置(K2，L8，M8)となります。
よって，これらの中で組み合わせになっている **答** ⑤の Cl^{-}・K^{+} も正解です。

練習問題2

次の（1）～（3）のイオン1個がもつ電子の総数を答えなさい。

（1）O^{2-}　　（2）NH_4^{+}　　（3）SO_4^{2-}

「イオン1個の電子の総数」といわれたら，
構成している原子の**原子番号の総和±イオンの価数**。

解き方

原子は電気的に中性で，**「原子番号＝陽子の数＝電子の数」**ですね。
よって，まずはイオンを構成している原子の原子番号の総和を計算しましょう。
そしてそこから，価数の分だけ**「陽イオンなら引く」「陰イオンならたす」**です。

（1）酸化物イオン O^{2-}

酸素 **O** は原子番号8番です。酸化物イオン O^{2-} は2価の陰イオンなので，電子の総数は次のようになります。

8＋2＝**答 10個**

（2）アンモニウムイオン NH_4^{+}

窒素 **N** と水素 **H** の原子番号はそれぞれ7番，1番です。アンモニウムイオン NH_4^{+} は1価の陽イオンであるため，電子の総数は次のようになります。

7＋1×4－1＝**答 10個**

（3）硫酸イオン SO_4^{2-}

硫黄 **S** と酸素 **O** の原子番号はそれぞれ16番，8番です。硫酸イオン SO_4^{2-} は2価の陰イオンであるため，電子の総数は次のようになります。

16＋8×4＋2＝**答 50個**

2 イオンとエネルギー

原子がイオンに変化するとき，電子を放出したり受け取ったりしますが，これには**エネルギーの出入りが伴います**。
「電子とエネルギーの関係」は，人間の世界の「商品とお金の関係」に似ています。電子をあげる（放出する）代わりにエネルギーをもらい（吸収し），電子をもらう（受け取る）代わりにエネルギーをあげて（放出して）いるんです。

では，それぞれのエネルギーを確認していきましょう。

1 イオン化エネルギー

原子から電子を1個取り去って，1価の陽イオンにするときに必要な（原子に吸収される）エネルギーを**イオン化エネルギー**といいます。

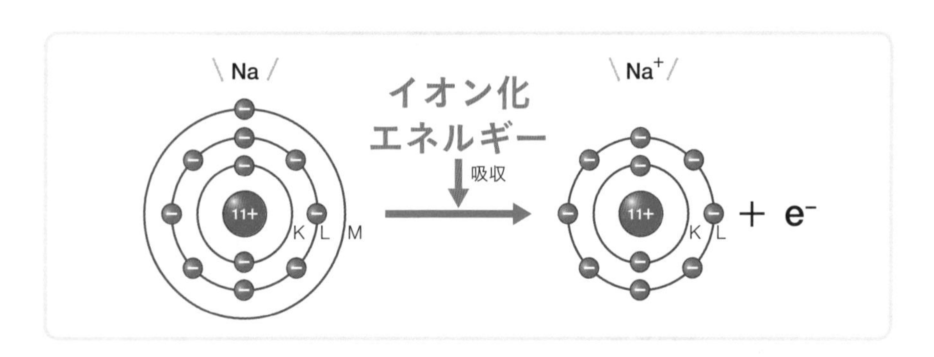

一般に，

イオン化エネルギーが小さい ＝ 簡単に電子を取り去ることができる
＝ **陽イオンになりやすい（陽性が強い）**

となります。

イオン化エネルギーが小さい原子ほど，
陽イオンになりやすい。

電子親和力

原子が最外殻に電子を1個受け取って，1価の陰イオンになるときに，原子から放出されるエネルギーを**電子親和力**といいます。

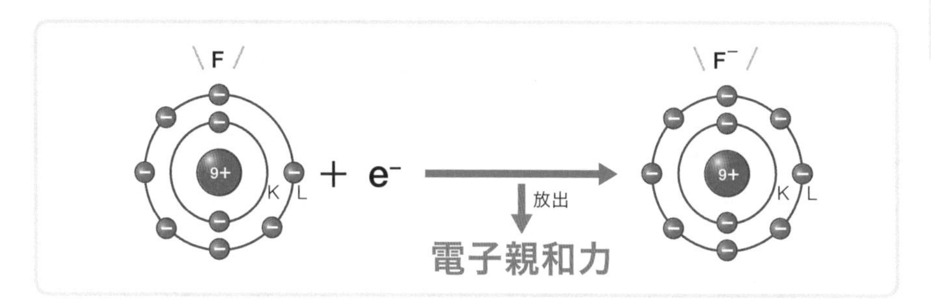

一般に，

電子親和力が大きい ＝ 電子を受け取り，たくさんのエネルギーが放出される
＝ エネルギーが低くなる，すなわち，安定になれる
＝ **陰イオンになりやすい(陰性が強い)**

となります。

「エネルギーが低い」というのは，「落ちついている」「反応しにくい」「形が変わりにくい」「安定している」と考えることができます。
原子に限らず，化学物質は「より安定した世界に行く」ことを人生の目標としているため，エネルギーが低くなる変化は進行しやすくなります。

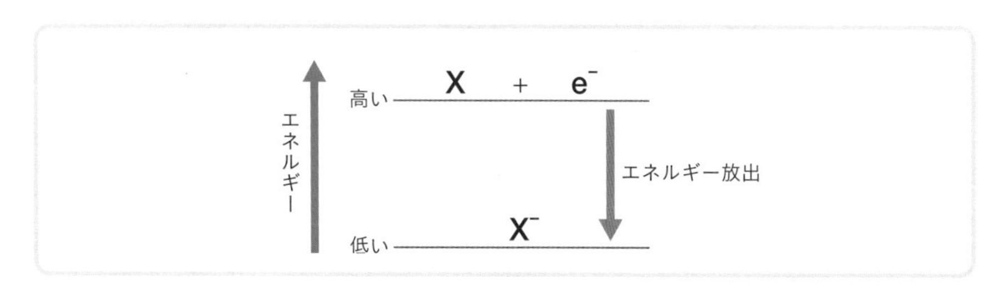

電子親和力が大きい原子ほど，
陰イオンになりやすい。

一 問 一 答 で 講 義 の 内 容 を 確 認 し よ う

OUTPUT TIME

3分

	問題	答え
1	原子が陽イオンになる性質のことを何という？	陽性 ➡ p.66
2	原子がイオンになるとき，放出したり受け取ったりした電子の数を何という？	（イオンの）価数 ➡ p.66
3	陽イオンになりやすいのは，価電子の数が少ない原子？ それとも多い原子？	少ない原子 ➡ p.67
4	次のイオンの名前は？　NH_4^+	アンモニウムイオン ➡ p.69
5	次のイオンの名前は？　Cl^-	塩化物イオン ➡ p.69
6	２個以上の原子からできているイオンを何という？	多原子イオン ➡ p.69
7	原子が電子を放出して陽イオンになるときに必要なエネルギーを何という？	イオン化エネルギー ➡ p.72
8	陽イオンになりやすいのは，7 が大きい原子？ それとも小さい原子？	小さい原子 ➡ p.72
9	原子が電子を受け取って陰イオンになるときに放出されるエネルギーを何という？	電子親和力 ➡ p.73
10	陰イオンになりやすいのは，9 が大きい原子？ それとも小さい原子？	大きい原子 ➡ p.73

第7講 元素の周期表

1 元素の周期律と周期表

1 周期律と周期表の発見

元素を原子番号順に並べ，性質の似たものを縦に配列した表を元素の**周期表**といいます。
周期表の原型は，ロシアの**メンデレーエフ**によって作られました。

メンデレーエフは元素を**原子量順に並べる**と，性質のよく似た元素が一定の間隔で現れること（元素の**周期律**）を発見しました。
そして1869年，性質のよく似た元素が同じ列になるように，元素を原子量順に並べた表を発表しました。
これが周期表の原型となりました。

メンデレーエフが作った周期表は，現在みなさんが使用している周期表の基礎となっています。
そしてメンデレーエフは，周期律から，**当時未発見だった元素や，その性質も推定**していました。
その推定と，その後発見された元素の性質はほとんど一致しています。
そのくらい，メンデレーエフの作った周期表は正確だったのです。

POINT!

周期律を発見したのは**メンデレーエフ**。
元素を**原子量順**に並べたのがメンデレーエフの周期表，元素を**原子番号順**に並べたのが現在の周期表。

2 元素の周期表

周期表の縦の列を**族**，横の行を**周期**といいます。

現在の周期表は1～18族，1～7周期で構成されています。

▶**元素の周期表**

族＼周期	1	2	3	4	5	6	7	8	9	10	11	12	13	14	15	16	17	18
1	H																	He
2	Li	Be											B	C	N	O	F	Ne
3	Na	Mg											Al	Si	P	S	Cl	Ar
4	K	Ca	Sc	Ti	V	Cr	Mn	Fe	Co	Ni	Cu	Zn	Ga	Ge	As	Se	Br	Kr
5	Rb	Sr	Y	Zr	Nb	Mo	Tc	Ru	Rh	Pd	Ag	Cd	In	Sn	Sb	Te	I	Xe
6	Cs	Ba	ランタノイド	Hf	Ta	W	Re	Os	Ir	Pt	Au	Hg	Tl	Pb	Bi	Po	At	Rn
7	Fr	Ra	アクチノイド	Rf	Db	Sg	Bh	Hs	Mt	Ds	Rg	Cn	Nh	Fl	Mc	Lv	Ts	Og

□金属元素　□非金属元素

1族：アルカリ金属元素　2族：アルカリ土類金属元素　3～12族：遷移元素（その他は典型元素）　17族：ハロゲン元素　18族：貴ガス元素

※ □はくわしい性質がわかっていない元素

同じ族の元素は性質が似ていて，これらを**同族元素**といいます。

代表的な同族元素には，次のような固有の名称があります。

これからよく登場するので，覚えておきましょうね。

1族（水素Hを除く）➡ **アルカリ金属元素**

2族 ➡ **アルカリ土類**（どるい）**金属元素**

17族 ➡ **ハロゲン元素**

18族 ➡ **貴ガス元素**

2 元素の種類

1 典型元素と遷移元素

1 族，2 族，13 ～ 18 族の元素を**典型**(てんけい)**元素**といいます。
典型元素は，最外殻電子の数が周期的に変化し，**同族では価電子の数が同じになるため，性質が似ています**。

また，典型元素以外，すなわち **3 ～ 12 族**の元素を**遷移**(せんい)**元素**といいます。
遷移元素は，最外殻電子の数が 2 または 1 でほとんど変化しないので，**隣り合った元素どうしの性質が似ています**。

2 金属元素と非金属元素

金属光沢(こうたく)をもつ，電気や熱をよく導くなどの金属の性質(p.125～127)を示す元素を**金属元素**といいます。
価電子の数が少ないため陽イオンになりやすく，その性質(陽性)は**周期表の左下にある元素ほど強くなります**。
すべての元素のうち，約 80 %が金属元素です。

一方，金属の性質を示さない元素を**非金属元素**といいます。
18 族の貴ガスを除き，価電子の数が多いため，陰イオンになりやすく，その性質(陰性)は**周期表の右上にある元素ほど強くなります**。

▶**原子の陽性と陰性**

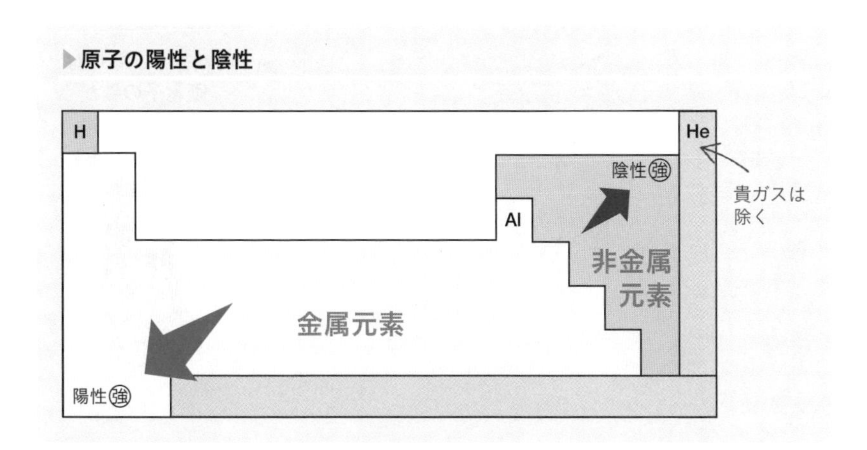

3 周期的変化

1 価電子の数

価電子の数は，**貴ガスを除いて最外殻電子の数と一致**します。

典型元素の価電子の数は，貴ガスを除いて族の下一桁と一致するため，原子番号順に並べると**規則正しいグラフ**が得られます。

遷移元素の最外殻電子の数は，2 または 1 であるため，原子番号順に並べても**ほとんど変化のないグラフ**になります。

▶価電子の数の周期的変化

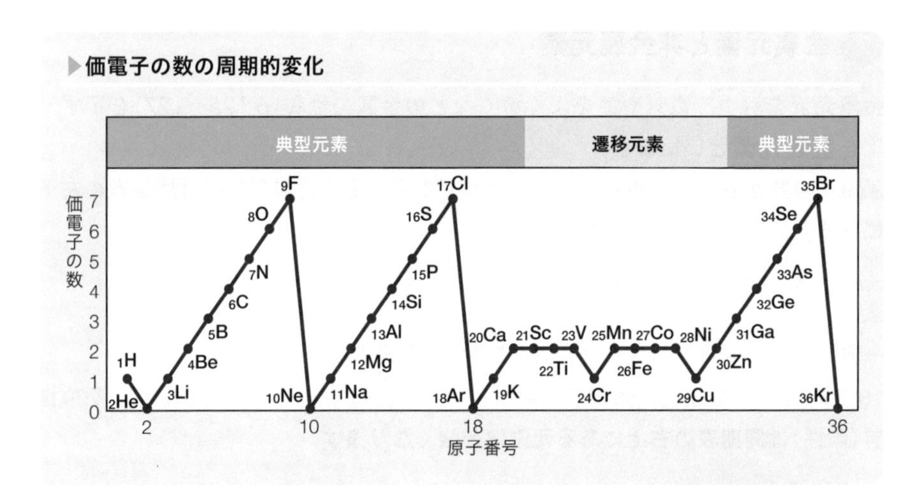

周期律があるのは，
価電子の数が
周期的に変化
するからだよ。

イオン化エネルギーの大きさ

「イオン化エネルギーが小さい原子ほど陽イオンになりやすい(p.72)」というのを思い出しながら，周期性を確認していきましょう。

まずは，同じ周期での変化を見ていきましょう。

周期表の左側にある原子は，最外殻電子が少なく，電子を放出して陽イオンになりやすい(陽性が強い)です。
このため，イオン化エネルギーは小さくなります。

それに対し，**周期表の右側にある原子は，最外殻電子の数が多く**，電子を受け取って陰イオンになりやすい(陰性が強い)です。
このため，イオン化エネルギーは大きくなります。

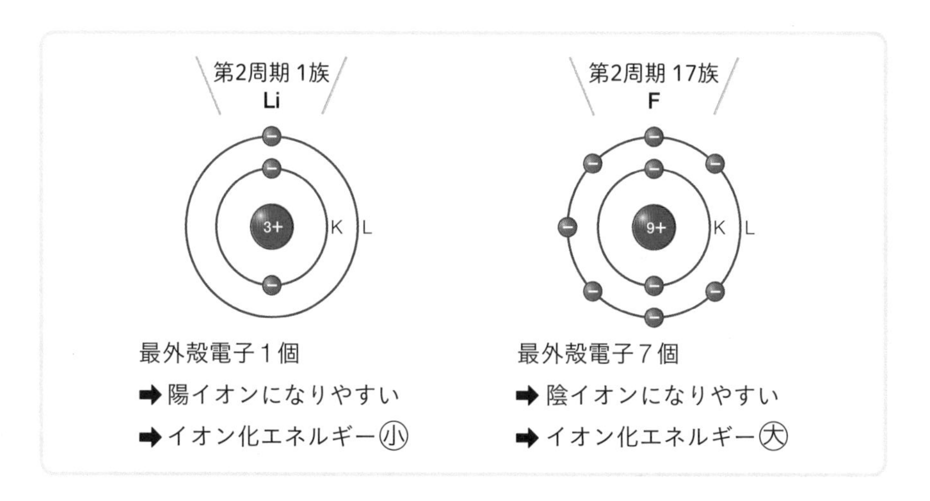

よって，**同じ周期では，原子番号の大きい(周期表の右側にある)原子ほどイオン化エネルギーは大きくなります**。

次は，同じ族での変化を見ていきましょう。

周期表の上側にある原子は，原子核と最外殻電子の距離が近いため，最外殻電子は原子核に強く引きつけられます。
そのため，電子を放出しにくく，イオン化エネルギーは大きくなります。

また，**周期表の下側にある原子ほど，原子核と最外殻電子の距離が遠く**なり，イオン化エネルギーは小さくなります。

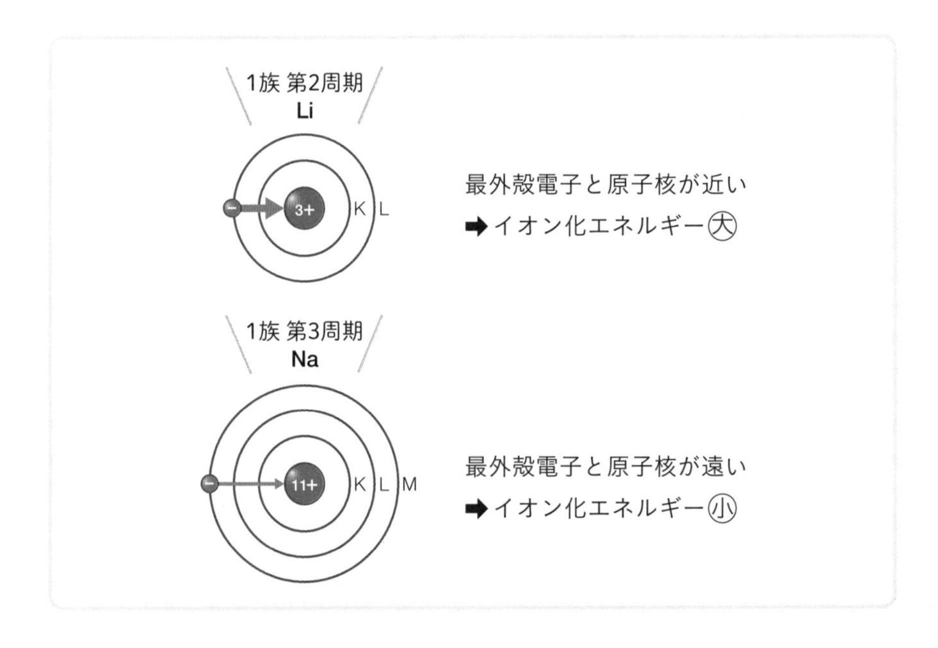

よって，**同じ族では，原子番号の小さい(周期表の上側にある)原子ほど，イオン化エネルギーは大きくなります**。

また，遷移元素の場合は，最外殻電子の数，原子核と最外殻電子の距離，ともにほぼ同じであるため，イオン化エネルギーはほぼ一定になります。

以上より，**周期表の右上にある原子ほどイオン化エネルギーは大きくなります。**

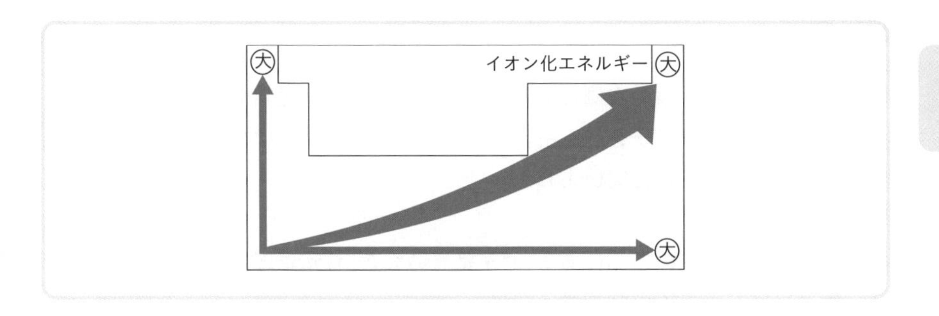

この変化を原子番号順に並べると，次のようなグラフになります。

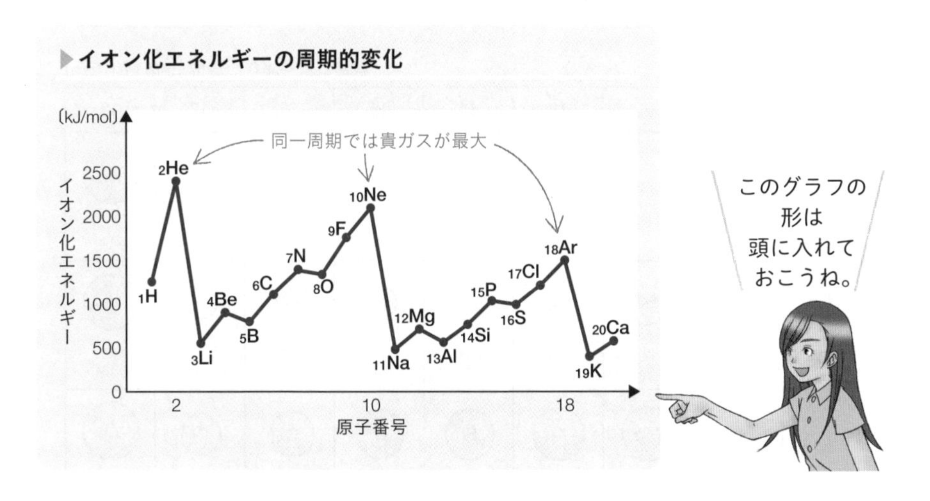

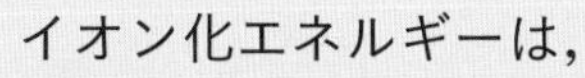

イオン化エネルギーは，
周期表の右上にある原子ほど大きくなる。

4 原子とイオンの大きさ

1 原子の大きさ

同じ周期では，周期表の右側にある（原子番号の大きい）元素ほど，陽子の数が多く，原子核が最外殻電子を強く引きつけるため，原子半径は小さくなります。ただし，貴ガスはこれに従いません。

同じ族では，周期表の下側にある（原子番号の大きい）元素ほど，電子殻が多いため，原子半径が大きくなります。

よって，貴ガスを除き，**周期表の左下にある元素ほど原子半径は大きくなります。**

▶原子の大きさ

数値は原子半径　単位：nm (10^{-7}cm)

	1	2	13	14	15	16	17	18
1	H 水素 0.030							He ヘリウム 0.140
2	Li リチウム 0.152	Be ベリリウム 0.111	B ホウ素 0.081	C 炭素 0.077	N 窒素 0.074	O 酸素 0.074	F フッ素 0.072	Ne ネオン 0.154
3	Na ナトリウム 0.186	Mg マグネシウム 0.160	Al アルミニウム 0.143	Si ケイ素 0.117	P リン 0.110	S 硫黄 0.104	Cl 塩素 0.099	Ar アルゴン 0.188

小 ↕ 大（縦方向）　大 ↔ 小（横方向）

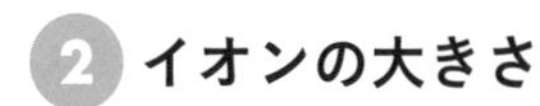

イオンの大きさ

原子が陽イオンになると，電子殻が１つ減少するため，もとの原子の半径より，イオン半径が小さくなります。

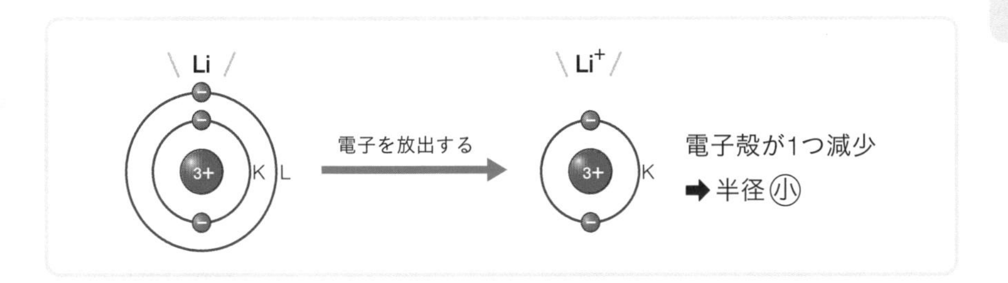

逆に，原子が陰イオンになっても電子殻の数は変化しません。
しかし，最外殻電子の数が増加することにより，電子どうしの反発が生じ，最外殻が少し大きくなります。
よって，もとの原子に比べ，陰イオンは半径が大きくなります。

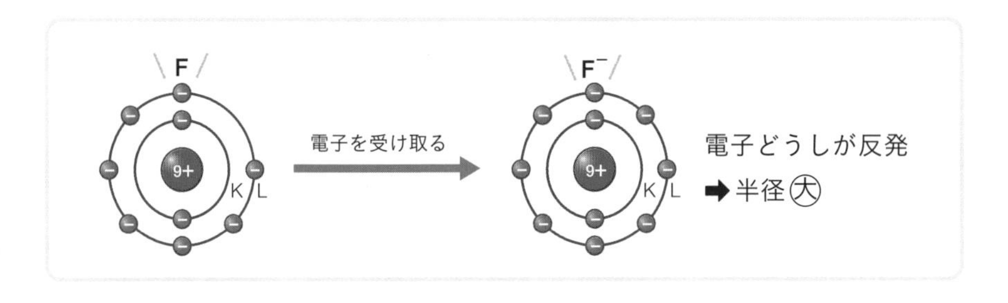

陽イオンになると，**イオン半径は小さくなる。**
陰イオンになると，**イオン半径は大きくなる。**

また，電子配置が同じイオンどうしでは，**原子番号の大きいものほど陽子が多く，最外殻電子を強く引きつけるため，イオン半径は小さくなります**。

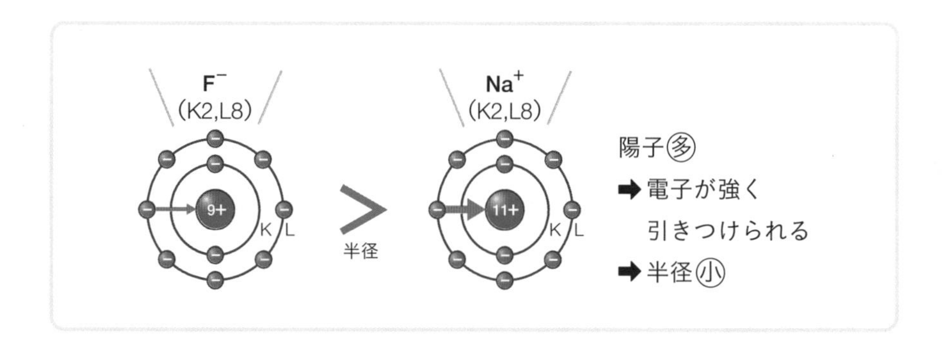

同じ電子配置のイオンでは，
原子番号が大きくなるほど，
イオン半径は小さくなる。

一問一答で講義の内容を確認しよう

OUTPUT TIME

	問題	答え	
1	現在の周期表の原型になるものを作った人は誰？	メンデレーエフ	➡ p.75
2	現在の周期表は元素が何の順番に並んでいる？	原子番号	➡ p.75
3	性質のよく似た元素が一定の間隔で現れることを何という？	(元素の)周期律	➡ p.75
4	水素を除く周期表の１族の元素を何という？	アルカリ金属元素	➡ p.76
5	周期表の２族の元素を何という？	アルカリ土類金属元素	➡ p.76
6	周期表17族の元素を何という？	ハロゲン元素	➡ p.76
7	周期表18族の元素を何という？	貴ガス元素	➡ p.76
8	典型元素は周期表の何族の元素？	１族，２族，13～18族	➡ p.77
9	同じ周期の典型元素において，原子のイオン化エネルギーが大きいのは，原子番号の大きい元素？ 小さい元素？	大きい元素	➡ p.79
10	同じ族の典型元素において，原子のイオン化エネルギーが大きいのは，原子番号の大きい元素？ 小さい元素？	小さい元素	➡ p.80

第７講，お疲れちゃん。
これで第２章は終わりだよ。
一息つきながら周期表を眺めてみよう。
元素の位置や，金属と非金属の境界線が
頭に入ってくるよ。

第2章 章末チェック問題

【問1】

次の文章を読み，あとの問いa～cに答えよ。

原子は1個の原子核といくつかの電子からできており，原子核はいくつかの陽子と中性子からできている。陽子1個の質量と中性子1個の質量はほぼ等しく，およそ[ア]gであり，電子1個の質量のおよそ1840倍である。原子核は直径が 10^{-15} ～ 10^{-14}m であり，原子は直径が[イ]m程度である。電子は負の電荷，陽子は正の電荷をもち，中性子は電荷をもたない。原子は電気的に中性であるが，原子が電子を放出する，または受け取ることで電荷をもったイオンになる。

a 次の記述①～⑤について，正しいものを2つ選べ。

① いずれの原子でも，原子1個に含まれる電子の数と陽子の数は等しい。
② いずれの原子でも，原子1個に含まれる陽子の数と中性子の数は等しい。
③ 電子1個の電荷の絶対値と陽子1個の電荷の絶対値は等しい。
④ 陰イオン1個に含まれる電子の数は陽子の数より少ない。
⑤ カリウム原子1個の質量とカリウムイオン1個の質量は完全に等しい。

b [ア]にあてはまる最も適切な数値を，次の①～⑤のうちから1つ選べ。

① 1.7×10^{-8}　② 1.7×10^{-16}　③ 1.7×10^{-20}
④ 1.7×10^{-22}　⑤ 1.7×10^{-24}

c [イ]にあてはまる最も適切な数値を，次の①～⑤のうちから1つ選べ。

① 10^{-8}　② 10^{-10}　③ 10^{-12}　④ 10^{-14}　⑤ 10^{-16}

【問2】
イオン化エネルギーと，その周期性に関する記述として正しいものを，次の①〜⑤のうちからすべて選べ。

① 同族元素では，陽子数が増加するにつれて小さくなる。
② 最大値をとるのはフッ素である。
③ 同一周期の元素では 1 族が最小で 18 族が最大を示す。
④ イオン化エネルギーが大きい原子ほど陽イオンになりやすい。
⑤ 原子が 1 価の陽イオンになるときに放出するエネルギーである。

【問3】
周期表と周期律に関する記述として正しいものを，次の①〜⑥のうちからすべて選べ。

① 第 2 周期の元素のうち，電子親和力が最大なのはネオンである。
② 原子番号が最も小さい遷移元素は，20 番のスカンジウムである。
③ 第 1 周期から第 3 周期までの元素はすべて典型元素であり，金属元素と非金属元素の数が等しい。
④ 1 族元素はすべてアルカリ金属元素とよばれる。
⑤ 18 族元素は貴ガス元素とよばれ，単原子分子として存在する。
⑥ フッ化物イオンとナトリウムイオンではフッ化物イオンの方がイオンの大きさが大きい。

【問4】
原子やイオンの電子配置に関する記述として誤りを含むものを，次の①〜⑥のうちから 1 つ選べ。

① ナトリウム原子の K 殻には，2 個の電子が入っている。
② マグネシウム原子の M 殻には，2 個の電子が入っている。
③ リチウムイオン(Li^+)とヘリウム原子の電子配置は同じである。
④ カルシウムイオン(Ca^{2+})とアルゴン原子の電子配置は同じである。
⑤ フッ素原子は，6 個の価電子をもつ。
⑥ ケイ素原子は，4 個の価電子をもつ。

解　答

【問1】 a ①，③　　b ⑤　　c ②
【問2】 ①，③
【問3】 ⑤，⑥
【問4】 ⑤

解き方

【問1】

a それぞれの選択肢を確認していきましょう。

① **原子はすべて，陽子の数と電子の数が等しく電気的に中性**です。
　➡ **正**

② 原子に含まれる陽子の数と中性子の数は，必ずしも一致するとは限りません。 ➡ **誤**

③ **電子1個の電荷の絶対値と陽子1個の電荷の絶対値は等しく**，通常それぞれ－1，＋1として扱っています。 ➡ **正**

④ 陰イオンに含まれている電子の数は陽子の数より多く，全体で負に帯電しています。 ➡ **誤**

⑤ カリウム原子から電子が1つ放出されたものがカリウムイオンであるため，カリウムイオンは電子1個分だけ質量が小さくなります。
　➡ **誤**

以上より，**答** ①，③が解答となります。

b 陽子1個の質量は 1.673×10^{-24} g，中性子1個の質量は 1.675×10^{-24} g であるため，ともに約 1.7×10^{-24} g と表すことができます(p.52)。
よって，**答** ⑤が解答となります。

c 原子の直径は約 10^{-8} cm であるため，**単位を cm → m にする**と 10^{-10} m です(p.51)。
よって，**答** ②が解答となります。

【問2】

それぞれの選択肢を確認していきましょう。

① 同じ族では，陽子数が増加(すなわち原子番号が増加)するほどイオン化エネルギーは小さくなります(p.80)。 ➡ 正

② イオン化エネルギーが最大の原子はヘリウムです(p.81)。 ➡ 誤

③ 同じ周期では，原子番号が増加するほどイオン化エネルギーは大きくなります(p.79)。

すなわち，**1族が最小で18族が最大**となります。 ➡ 正

④ 陽イオンになりやすい原子は，イオン化エネルギーが小さい原子です(p.72)。

➡ 誤

⑤ **イオン化エネルギーは，原子が1価の陽イオンになるときに吸収するエネルギー**です(p.72)。 ➡ 誤

以上より，答 ①，③が解答となります。

【問3】

それぞれの選択肢を確認していきましょう。

① 電子親和力は，同じ周期の原子では17族が最大であるため，第2周期ではフッ素が最大となります。 ➡ 誤

② 原子番号20番はカルシウムです。21番のスカンジウムが遷移元素です。

➡ 誤

③ 第3周期まではすべて典型元素ですが，金属元素と非金属元素の数は等しくありません(p.76)。 ➡ 誤

④ 水素を除く1族元素をアルカリ金属元素といいます(p.76)。 ➡ 誤

⑤ 18族の元素は貴ガス元素とよばれ，他の原子と結合しない(p.64)ため，単原子分子として存在しています。 ➡ 正

⑥ フッ化物イオンとナトリウムイオンはともにネオンと同じ電子配置ですが，ナトリウムイオンの方が陽子の数が多いため，電子が強く引きつけられて半径が小さくなります(p.84)。 ➡ 正

以上より，答 ⑤，⑥が解答となります。

【問４】

それぞれの選択肢を確認していきましょう。

① ナトリウムの原子番号は 11 番で，電子配置は K2，L8，M1 です。 ➡ 正

② マグネシウムの原子番号は 12 番で，電子配置は K2，L8，M2 です。 ➡ 正

③ リチウムの原子番号は 3 番で 1 価の陽イオンになるため，リチウムイオンの電子配置は K2 となり，原子番号 2 番のヘリウムと同じ電子配置です。

➡ 正

④ カルシウムの原子番号は 20 番で 2 価の陽イオンになるため，カルシウムイオンの電子配置は K2，L8，M8 となり，原子番号 18 番のアルゴンと同じ電子配置です。 ➡ 正

⑤ フッ素は周期表 17 族のハロゲン元素であるため，価電子は 7 個です。
ちなみに原子の電子配置は K2，L7 です。 ➡ 誤

⑥ ケイ素は周期表 14 族であるため，価電子は 4 個です。
ちなみに原子の電子配置は K2，L8，M4 です。 ➡ 正

以上より， **答** ⑤が解答となります。

原子の電子配置は p.62 で確認しておきましょう。

化学結合

Chemical bond

INTRODUCTION
これから学ぶこと

葵

先生。先生は**物質の性質**，全部覚えてるの？

坂田先生

覚えてないよ。
でも，**化学式**を見たら，ある程度の性質はわかるよ。

拓海

そうなの？？
暗記しなくてもいいの？

坂田先生

うん。例えば，物質Ａと物質Ｂの化学式を見たら，
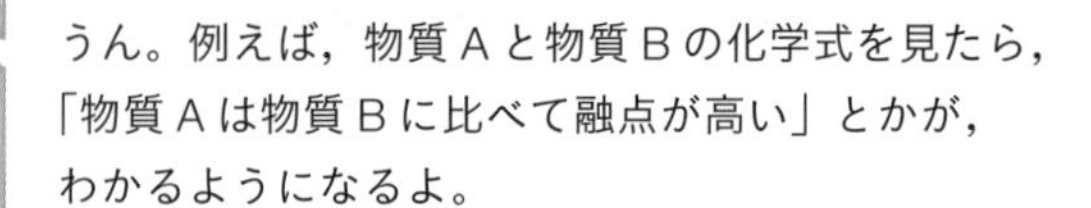
「物質Ａは物質Ｂに比べて融点が高い」とかが，
わかるようになるよ。

葵

へぇ。
どうやったら，そんなふうに判断できるようになるの？

坂田先生

結合をしっかり学ぶことだよ。
「どんな原子がどんな結合をするのか」
「その結合にはどんな性質があるのか」をしっかり理解すれば，化学式から判断できるようになるよ。

拓海

そうなんだ！

「どっちの物質の融点が高いか」とか，全部暗記だと思ってたよ。覚えることばっかりで，化学をあきらめかけてたんだ。

坂田先生

それはもったいないな。
１つ１つのことを押さえていけば，大丈夫だよ。
この章で，どんな原子がどんな結合をするのか，
しっかり見ていこうね。

第8講 結合

1 結合と電子

1 電子式

粒子どうしの結びつき，すなわち，**結合に関与するのは価電子**です(p.63)。
よって，結合を考えるときは価電子に注目します。
価電子(最外殻電子)は，元素記号の周りに「●」の記号で表記します。
これを**電子式**といいます。

電子式は，価電子を元素記号の上下左右に1個ずつ分けて表記します。
最初の4個までは，上下左右バラバラに書きます。その際，順番は問いません。

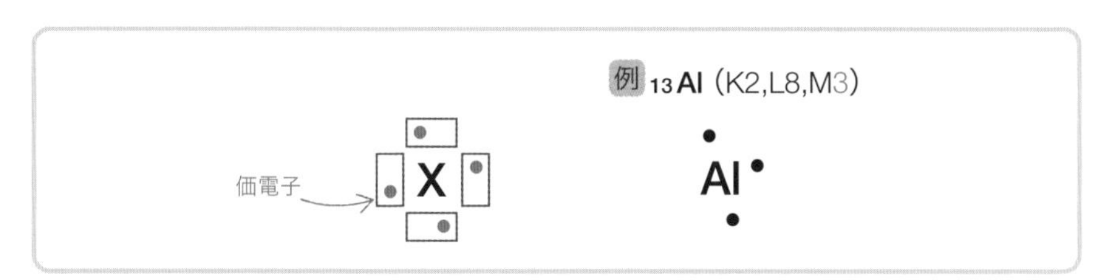

価電子が5個以上の場合には，残りの電子を上下左右に配置し，電子を2個ずつペアにしていきます。この際の順番も問いません。
このようにして，2個で対(つい)(ペア)になった電子を**電子対**(でんしつい)といいます。

これで，電子式のでき上がりです。

② 原子価

電子式で表記した際に，対になっていない電子を**不対電子**（ふつい）といいます。
原子たちは，この**不対電子を対にするために他の原子と結合**します。

このように結合してできる電子対を**共有電子対**，もともと対になっていて結合とは関係のない電子対を**非共有電子対**といいます。

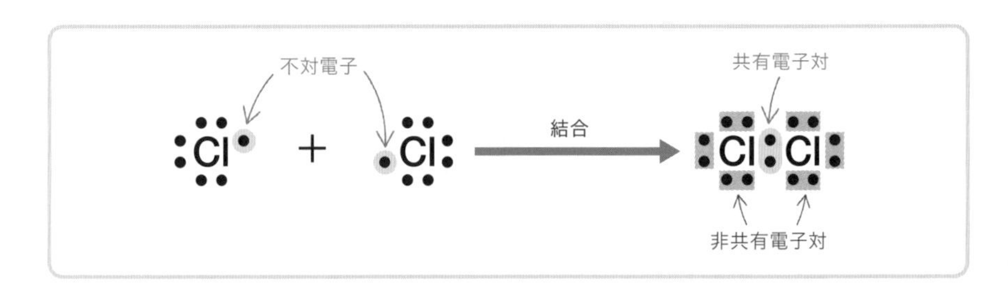

以上より，基本的に原子は，**不対電子の数だけ結合の手をもつ**といえます。
この，結合の手の数を**原子価**といいます。

例 **酸素 O の原子価**

酸素は周期表 16 族なので，価電子の数は 6 個です。
電子配置 K2，L6 から，価電子の数は 6 個と考えても構いません。
よって，下のように電子式を書いてみると，O 原子は不対電子を 2 個もつため，原子価は 2 となります。

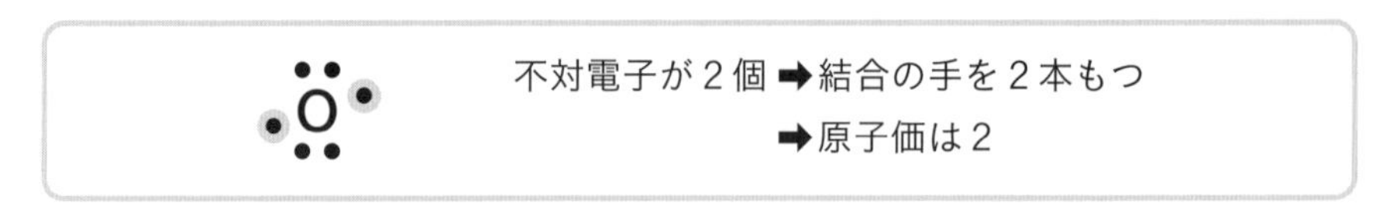

同じ族の典型元素は，価電子の数が同じため，原子価も同じになります。

結合を考えるときは，**価電子に注目**する。

2 電気陰性度

1 電気陰性度

原子が，**結合により生じた電子対を引きつける力**を**電気陰性度**といいます。

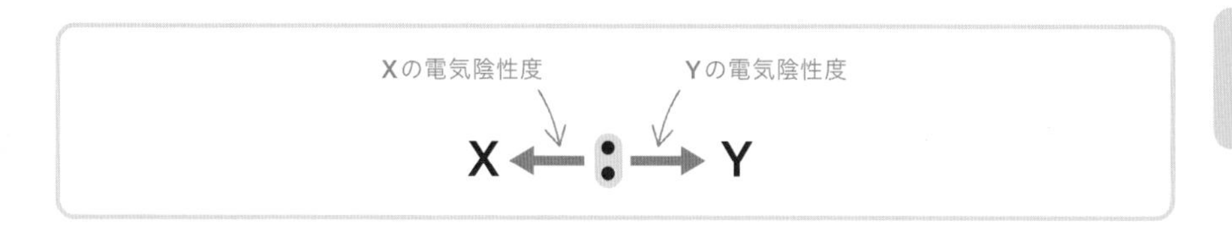

陰性の強い原子ほど，電子対を強く引きつけるため，電気陰性度は大きくなります。
周期表では，**貴ガスを除く右上にある元素ほど電気陰性度が大きい**といえます。
貴ガスは他の原子と結合しないため，除きます。

また，周期表の左下にある元素ほど陽性が強く，電子を放出しようとするため，電気陰性度は小さくなります。

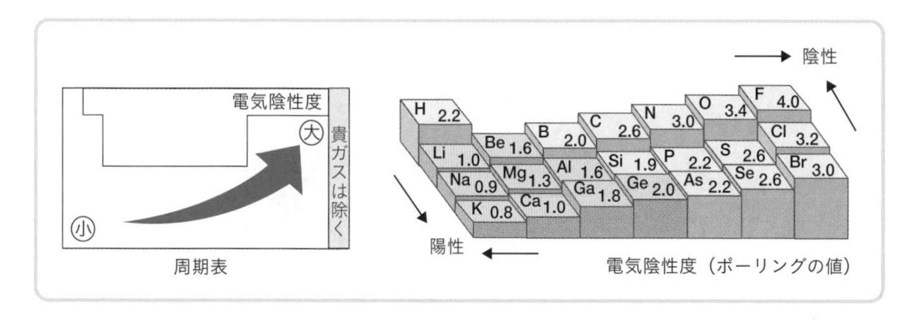

貴ガスを除き，**周期表の右上**にある元素ほど
電気陰性度が大きい。

❷ 電気陰性度と化学結合

結合は「分子間の結合」と「原子間の結合」の２種類に大別できます。

分子間の結合が切れても，**状態が変化するだけで物質の種類そのものは変化しません**。
例えば，水 H_2O の分子間の結合が切れると水蒸気になりますが，物質は H_2O のまま変化しません。

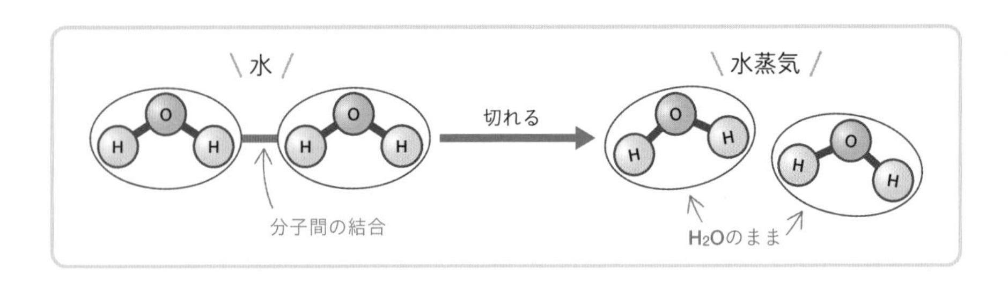

しかし，原子間の結合が切れると，H_2O は H 原子と O 原子に変化してしまうため，**H_2O ではなくなってしまいます**。
このような原子間の結合を，化学結合といいます。

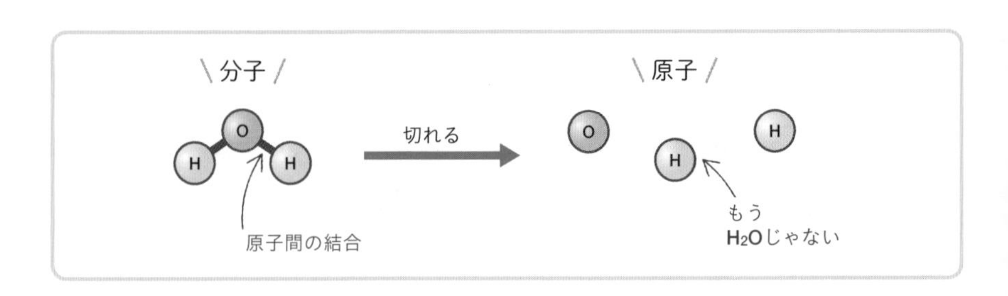

そして，**化学結合の種類は電気陰性度で決まります**。
金属元素の電気陰性度は小さく，非金属元素の電気陰性度は大きいことから，結合している原子が金属か非金属かで結合の種類を判断することになります。

・**金属元素**(**電気陰性度小**) ＋ **非金属元素**(**電気陰性度大**)の原子間の結合

➡ **イオン結合**(第 9 講)

・**非金属元素**(**電気陰性度大**)の原子どうしの結合 ➡ **共有結合**(第 10 講)

・**金属元素**(**電気陰性度小**)の原子どうしの結合 ➡ **金属結合**(第 12 講)

それぞれの組み合わせからできる結合が，どのような性質をもつのか，第 9 講からしっかり確認していきましょう。

原子間の結合が化学結合。
結合している原子が **「金属元素か非金属元素か」** で結合の種類を判断する。

一問一答で講義の内容を確認しよう

OUTPUT TIME

3分

	問題	答え	
1	元素記号の周りに,価電子(最外殻電子)を「•」で表記したものを何という?	電子式	➡p.93
2	1で表したとき, 対になっていない電子を何という?	不対電子	➡p.94
3	結合に関与している電子対を何という?	共有電子対	➡p.94
4	結合に関与していない電子対を何という?	非共有電子対	➡p.94
5	窒素原子の原子価は?(電子式 ·N̈·)	3	➡p.94
6	塩素原子の原子価は?(電子式 :C̈l·)	1	➡p.94
7	結合により生じた電子対を引きつける力を何という?	電気陰性度	➡p.95
8	7が大きいのは金属元素?それとも非金属元素?	非金属元素	➡p.96
9	原子間の結合を何という?	化学結合	➡p.96

第8講,お疲れちゃん。
電子式は書けるようになったかな?
原子番号20番までは手を動かして
書く練習をしておこうね。

第9講 イオン結合

1 イオン結合とイオン結晶

❶ イオン結合

金属元素と非金属元素の原子間にできる結合を，ナトリウム原子 Na と塩素原子 Cl で確認していきましょう。

どんな結合も，始まりは不対電子の共有です。

不対電子　＼不対電子を共有／

Na・ ＋ ・Cl ⟶ Na:Cl

では，生じた電子対は誰のものになるのでしょうか。
金属元素の Na 原子は電気陰性度が小さく，非金属元素の Cl 原子は電気陰性度が大きいため，電子対は完全に Cl 原子のものとなります。

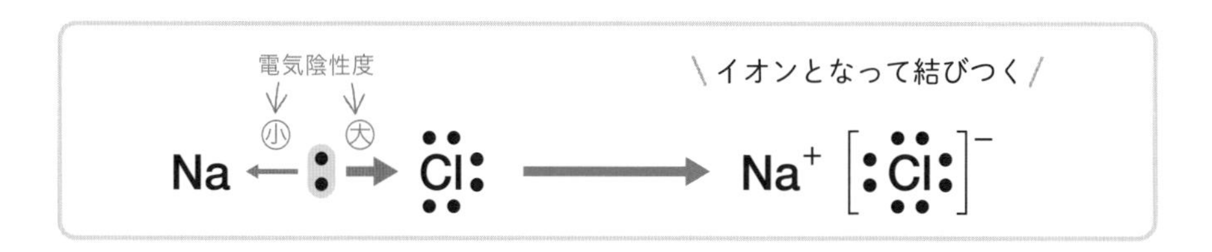

よって，Na 原子はナトリウムイオン Na^+ に，Cl 原子は塩化物イオン Cl^- に変化し，**静電気力（クーロン力）**で結びつきます。
これを**イオン結合**といいます。

化学式が，**金属元素と非金属元素で構成されているときに，イオン結合と判断**しましょう。

ただし，**塩化アンモニウム NH_4Cl や硫酸アンモニウム $(NH_4)_2SO_4$ は例外**です。これらは非金属元素のみから構成されていますが，アンモニウムイオン NH_4^+ と，塩化物イオン Cl^- や硫酸イオン SO_4^{2-} からなるイオン結合です。

POINT!

金属元素と非金属元素の原子間の結合が，
イオン結合。**静電気力**（クーロン力）で結びつく。

❷ イオン結晶とその性質

粒子が規則正しく並んだ固体を**結晶**といいます。
みなさんが化学基礎の勉強で出会っていく固体のほとんどは，結晶です。

その中でも，イオン結合からできている結晶を**イオン結晶**といいます。
イオン結晶には次のような性質があります。

❶ 特別なものを除き，水に溶けてイオンになる

塩化銀 $AgCl$，硫酸バリウム $BaSO_4$，炭酸カルシウム $CaCO_3$ などの沈殿するものを除き，イオン結晶の物質は**水に溶けてイオンになります**。
このように，物質がイオンに分かれることを**電離**(でんり)といい，水に溶けて電離する物質を**電解質**(でんかいしつ)といいます。
ほとんどのイオン結晶の物質は，電解質です。
一方，スクロースなどのように水に溶けても電離しない物質を**非電解質**といいます。

❷ 固体は電気を通さないが，液体（水溶液や融解液）は電気を通す

固体の状態では，イオンどうしがイオン結合で結びつき，動くことができないため，電気を通しません。
しかし，水に溶かして水溶液にしたり，融点まで加熱してとかし，融解液にしたりすると，**イオンが自由に動くことができるようになるため，電気を通します**。

❸ 硬いがもろい

陽イオンと陰イオンは強く引き合うため，イオン結合は強い結合です。
よって，イオン結晶は**融点が高く，硬い**性質をもっています。
しかし，外部から力が加わると，陽イオンと陰イオンの配列がずれ，同符号のイオンが接近して，反発し合うので，簡単に割れてしまいます。

③ 組成式

イオンからなる物質は，全体で**電気的に中性**です。
よって，**プラスの電荷とマイナスの電荷が一致**しています。

例えば，2 価の陽イオン Ca^{2+} と 1 価の陰イオン Cl^- からなる塩化カルシウムは，Ca^{2+} が 1 個と，Cl^- が 2 個でプラスとマイナスの電荷が一致します。

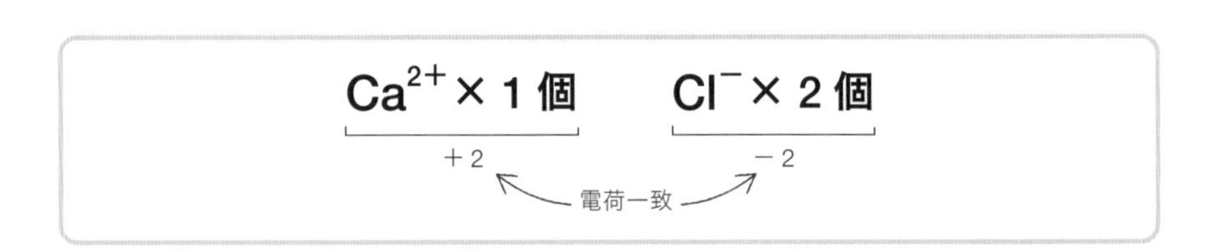

よって，
塩化カルシウムは $CaCl_2$ と表します。

Ca^{2+} は1個だから，係数の「1」は省略するよ。

$$Ca^{2+} + 2Cl^- \longrightarrow CaCl_2$$

塩化カルシウム

ただし，$CaCl_2$ の結晶は，Ca^{2+} と Cl^- がたくさん結合してできているので，無限大の記号「∞」を使って，$(CaCl_2)_\infty$ と書くのが正しいはずですね。
この「∞」を省略し，**最小の繰り返し単位のみを表したもの**を**組成式**（そせいしき）といいます。

第 11 講で学ぶ**「分子」以外はすべて，「∞」を省略して表した組成式で表記**しています。

POINT!

分子以外はすべて，**組成式で表す**。

他の例でも，イオン結晶の組成式の書き方を確認しましょう。

例 **硫酸カリウム**(K^+，SO_4^{2-})

硫酸カリウムは，1価の陽イオン K^+ と，2価の陰イオン SO_4^{2-} からできています。

このため，K^+ が2個と SO_4^{2-} が1個でプラスとマイナスの電荷が一致します。

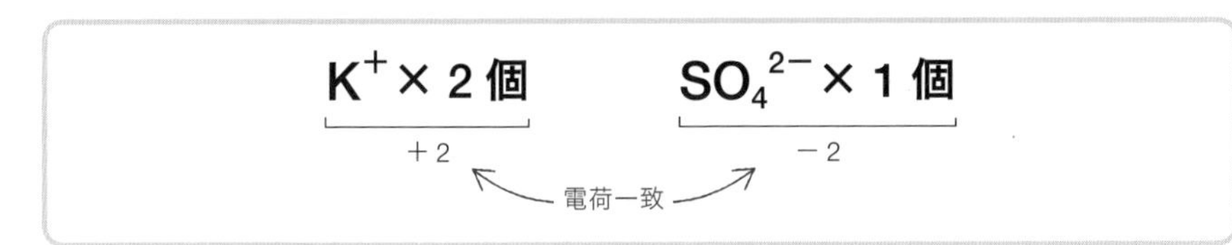

よって，硫酸カリウムの組成式は，

K_2SO_4 となります。

$$2K^+ \quad + \quad SO_4^{2-} \longrightarrow K_2SO_4$$

硫酸カリウム

 身の回りのイオンからなる物質

イオンからなる物質には，次のようなものがあります。

▶身の回りのイオンからなる物質

組成式と名称	用途や性質など
$NaCl$ 塩化ナトリウム	食塩の主成分。 水酸化ナトリウムや炭酸ナトリウムを製造する原料。
Na_2CO_3 炭酸ナトリウム	ガラスの製造に使用されている。 十水和物 $Na_2CO_3 \cdot 10H_2O$（無色結晶）を空気中に放置すると一水和物 $Na_2CO_3 \cdot H_2O$（白色粉末）に変化する。 このように空気中で水和水を失う変化を**風解**という。
$NaHCO_3$ 炭酸水素ナトリウム	重曹ともよばれる。 加熱すると CO_2 を発生する。 ベーキングパウダーや発泡入浴剤，胃の制酸剤として利用されている。
$CaCl_2$ 塩化カルシウム	乾燥剤や凍結防止剤として利用されている。
$CaCO_3$ 炭酸カルシウム	石灰石や大理石として存在。貝殻の主成分でもある。 石灰石が溶解してできた洞穴が鍾乳洞。 セメント，チョーク，歯磨き粉の原料として用いられている。
$CaSO_4$ 硫酸カルシウム	主に二水和物 $CaSO_4 \cdot 2H_2O$ として存在。 これをセッコウといい，医療用ギプスや建築材料として利用されている。
$NaOH$ 水酸化ナトリウム	苛性ソーダともよばれ，塩化ナトリウム水溶液の電気分解によって製造される。 また，空気中に放置すると空気中の水分を吸収して溶ける。 これを**潮解**という。 セッケン，化学薬品の原料として用いられている。
$Ca(OH)_2$ 水酸化カルシウム	消石灰ともよばれる。 水溶液は石灰水といい，CO_2 の検出に利用される。
CaO 酸化カルシウム	生石灰ともよばれる。 水酸化カルシウムの製造や乾燥剤として利用されている。

一問一答で講義の内容を確認しよう

OUTPUT TIME

3分

	問題	答え
1	金属元素と非金属元素の原子間にできる結合を何という？	イオン結合 ➡p.99
2	次の中で，イオン結合をもたない物質はどれ？ Na_2CO_3　NH_4Cl　KOH　HCl	HCl（HもClも非金属元素。NH_4Clは例外） ➡p.100
3	粒子が規則正しく配列している固体を何という？	結晶 ➡p.101
4	イオン結晶の固体は電気を通す？ 通さない？	通さない ➡p.101
5	イオン結晶は液体になると電気を通す？ 通さない？	通す ➡p.101
6	物質がイオンに分かれることを何という？	電離 ➡p.101
7	水に溶けてイオンに分かれる物質を何という？	電解質 ➡p.101
8	イオン結晶の融点は一般的に高い？ 低い？	高い ➡p.101
9	Ca^{2+}とCl^-からなるイオン結晶の組成式は？	$CaCl_2$ ➡p.102
10	K^+とSO_4^{2-}からなるイオン結晶の組成式は？	K_2SO_4 ➡p.103
11	重曹ともいわれ，ベーキングパウダーや発泡入浴剤などに利用されている物質は何？	炭酸水素ナトリウム [$NaHCO_3$] ➡p.104

第９講，お疲れちゃん。
化学式を見たら，イオン結晶であることが
判断できるかな？
性質もしっかり頭に入れておこうね。

第10講 共有結合

1 共有結合とその結晶

1 共有結合

非金属元素の原子間にできる結合を，塩素原子 Cl 2 つで確認していきましょう。

どんな結合も，始まりは不対電子の共有です。

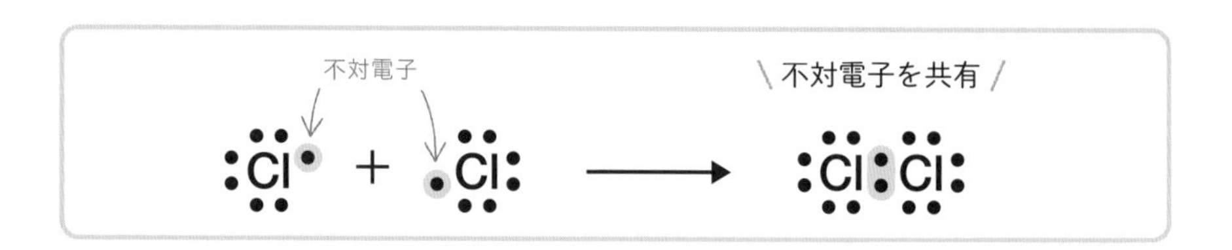

生じた電子対は，どちらの Cl 原子のものになるでしょうか？
Cl 原子どうしが同じ力で引っ張り合うため，電子対がどちらかに偏(かたよ)ることはありません。
また，Cl 原子は非金属元素で電気陰性度が大きく，お互いに電子対を譲りません。
そのため，電子対は 2 つの Cl 原子で共有することになります。

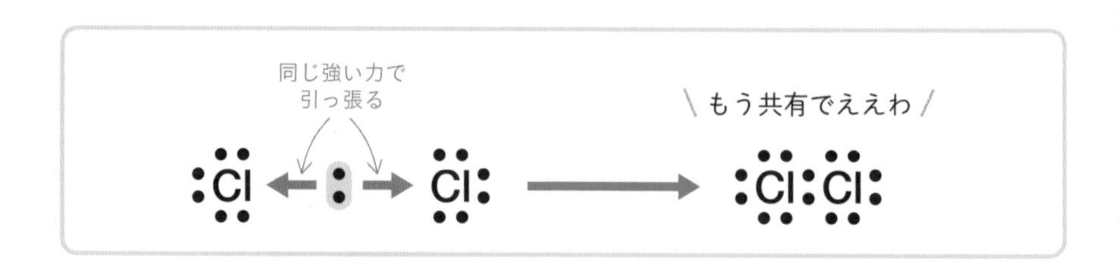

こうして，2 つの Cl 原子はともに最外殻がオクテット(p.61)になり，安定します。

このように，非金属元素の原子間で，電子を出し合って共有することにより作られる結合を，共有結合といいます。
電気陰性度の大きい原子どうしが，どちらも電子対を譲らないため，**共有結合は非常に強い結合**です。

非金属元素の原子間にできる結合が，**共有結合**。

2 配位結合

非金属元素の原子間で電子対を作るときは，基本的に**不対電子を出し合います**。
人間の世界での「ワリカン」に相当します。

しかし，電子に恵まれている原子と，そうでない原子が出会ったときには，恵まれている原子が**一方的に電子を差し出します**。
人間の世界での「おごり」に相当します。

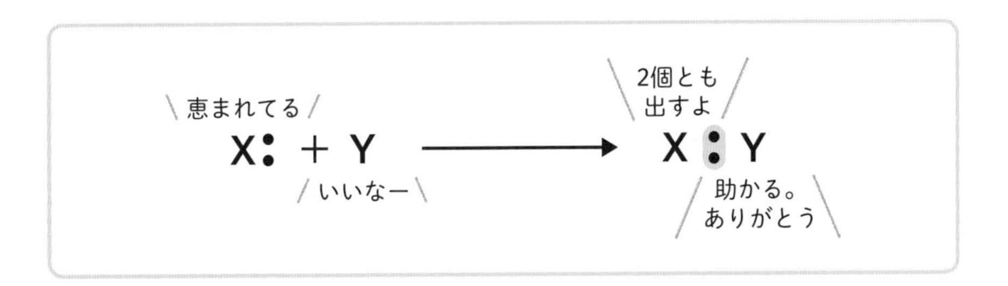

このように，一方の原子が非共有電子対を提供し，それを原子間で共有する結合を特別に**配位結合**（はいいけつごう）といいます。

配位結合と共有結合は，電子の出どころが違うだけで，最終的に電子対を共有することには変わりありません。
よって，**いったん結合してしまうと，通常の共有結合と区別することはできません**。

例 **アンモニウムイオン NH_4^+**

アンモニア NH_3 に水素イオン H^+ が結合するとき，H^+ は電子をもっていないため，NH_3 の N の非共有電子対をもらって配位結合します。

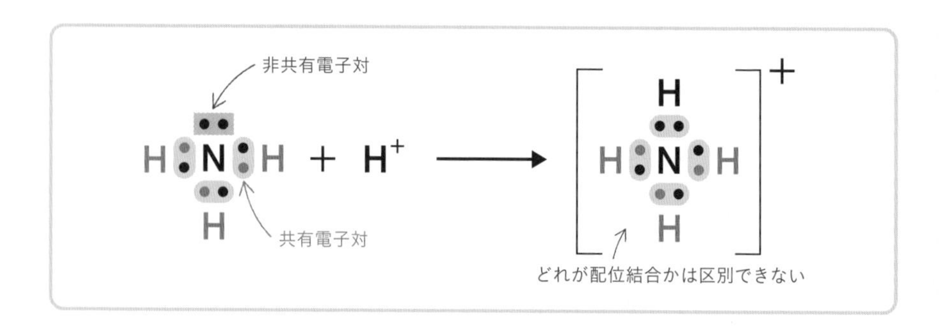

③ 共有結合によってできる結晶

非金属元素の原子どうしが共有結合し，結晶になるまでの過程には 2 通りあります。

まず，共有結合の例で確認した Cl 原子どうしは，共有結合により原子がともにオクテットになるため，これ以上結合する必要がありません。
よって，ここで共有結合は終了し，Cl_2 という小さな集まりとなります。
このように，**いくつかの原子が共有結合してできる小さな集まり**を，**分子**といいます。
この分子が集まって，結晶を作ります。
分子が作る結晶については，第 11 講で学びましょう。

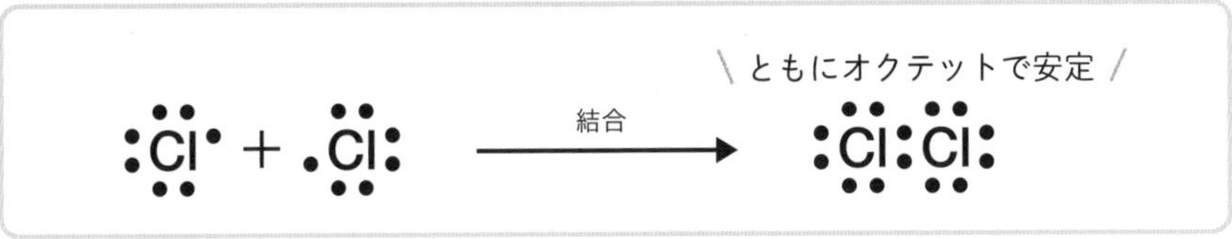

では，炭素原子 C どうしの結合を考えてみましょう。
C 原子は価電子を 4 個もっているため，2 個の C 原子が共有結合しただけでは，オクテットになることができません。
共有結合を繰り返し，巨大な分子を作ります。
これがダイヤモンドです。

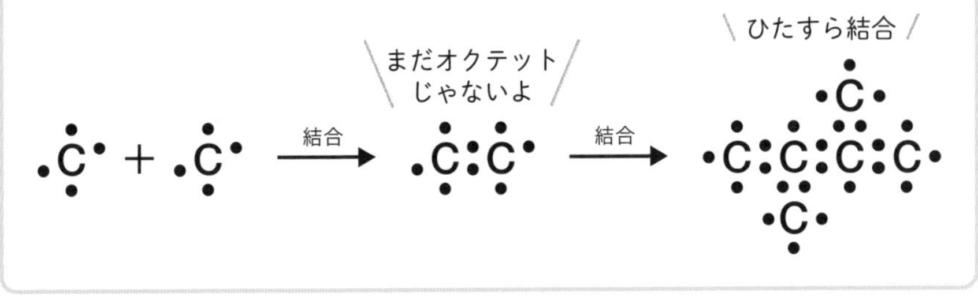

このように，共有結合のみでできる結晶を**共有結合の結晶**といいます。
また，大きな分子ととらえることもできるため**巨大分子**ということもあります。
そして，ダイヤモンドの化学式は本来 C_∞ となるはずですが，「∞」を省略して表すため組成式の C で表します。

入試で出題される共有結合の結晶は，**ダイヤモンド C**・**黒鉛 C**・**ケイ素 Si**・**二酸化ケイ素 SiO_2**・**炭化ケイ素 SiC** のみです。
これら以外で，非金属元素のみからなる物質はすべて分子になると考えて構いません。

共有結合の結晶は，
ダイヤモンド C，黒鉛 C，
ケイ素 Si，二酸化ケイ素 SiO_2，炭化ケイ素 SiC
の 5 種類を覚えておこう！

④ 共有結合の結晶の性質

共有結合は非常に強い結合なので，共有結合のみでできている結晶は次のような性質をもちます。

❶ 融点が非常に高い
❷ 非常に硬い
❸ 水に溶けにくい
❹ 電気を通さないものが多い

ただし，**黒鉛だけは特別な性質をもちます**。
黒鉛は，C 原子がもつ 4 個の価電子のうち，3 個で共有結合を作り，平面構造を作っています。
そして，残り 1 個の価電子は平面上を自由に動き回ることができます。
これにより**電気を通す**ため，電気分解の電極などに利用されています。

また，平面は共有結合でできているため，簡単には壊れません。
しかし，その平面どうしは分子間力(p.121)という弱い結合で結びつき，層状構造となっています。
よって，**層と層の間ははがれやすい**のです。

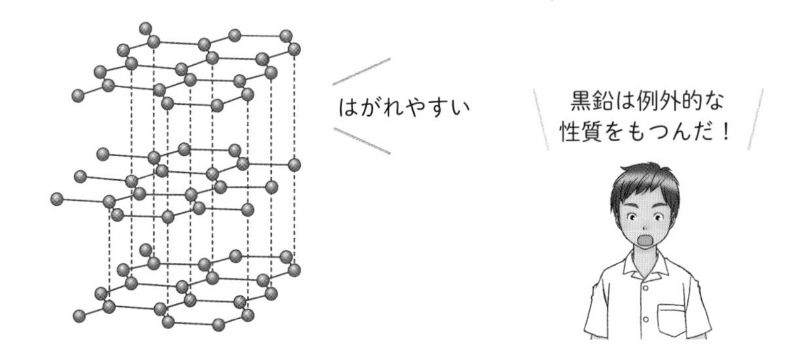

一問一答で講義の内容を確認しよう

OUTPUT TIME

1	非金属元素の原子が不対電子を出し合って共有する結合を何という？	共有結合	➡ p.107
2	一方の原子が電子対を提供し，それを２原子間で共有する結合を何という？	配位結合	➡ p.108
3	いくつかの原子が共有結合してできる小さな集まりを何という？	分子	➡ p.109
4	共有結合のみでできている結晶を何という？	共有結合の結晶	➡ p.110
5	４の代表的な物質名を５つ答えよう。	ダイヤモンド・黒鉛・ケイ素・二酸化ケイ素・炭化ケイ素	➡ p.110
6	４の物質は融点が高い？ 低い？	（非常に）高い	➡ p.111
7	黒鉛は電気を通す？ 通さない？	通す	➡ p.111

第11講 分子の結合

1 分子と共有結合

1 分子

共有結合によってできる小さい集まりを**分子**といいましたね(p.109)。
非金属元素のみからできていて，ダイヤモンドC，黒鉛C，ケイ素Si，二酸化ケイ素SiO_2，炭化ケイ素SiC以外はすべて分子と覚えておきましょう。

塩素Cl_2のように2つの原子からなる分子を**二原子分子**，二酸化炭素CO_2のように3つ以上の原子からなる分子を**多原子分子**といいます。
貴ガスは他の原子と結合しないため，1つの原子のままで分子となります。
これを**単原子分子**といいます。

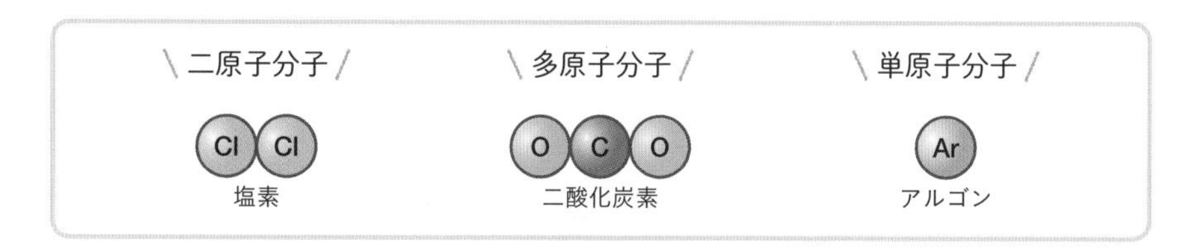

また，ダイヤモンドやケイ素のように共有結合を繰り返すわけではなく，分子という小さな集まりで止まるため，化学式に「∞」がつくことはありません。
分子を構成する原子の数と種類を表した式を**分子式**といいます。

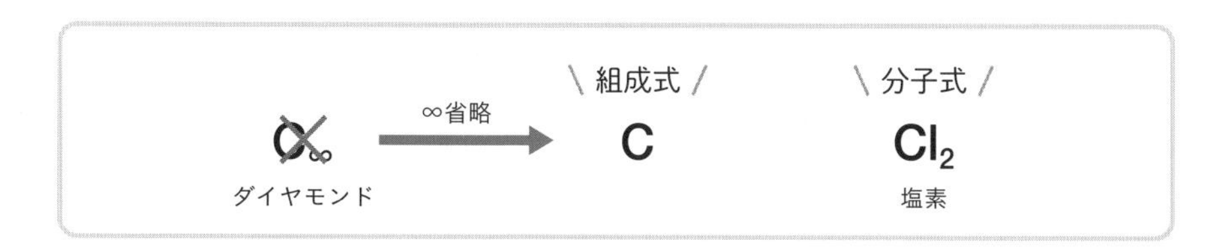

② 分子の構造式

塩素 Cl_2 のように共有電子対1組による共有結合を**単結合**といいます。
そして，酸素 O_2 のように共有電子対2組のとき**二重結合**，さらに，窒素 N_2 のように3組のとき**三重結合**といいます。

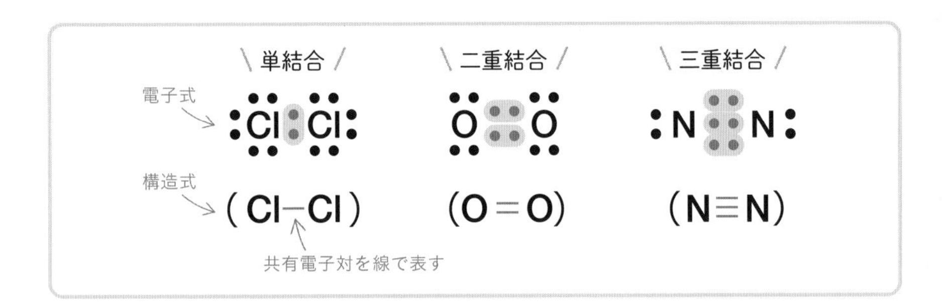

また，共有電子対1組（:）を1本の線（—）で表した化学式を**構造式**といいます。

1つの原子から出る線の数は，その原子の不対電子の数と一致します。
これが**原子価**でしたね（p.94）。
酸素原子 O なら，不対電子が2個なので，原子価は2になります。

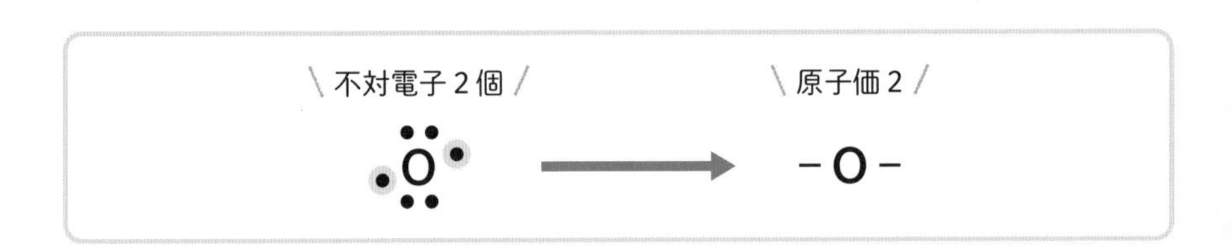

ここで，代表的な多原子分子の構造式を確認しておきましょうね。

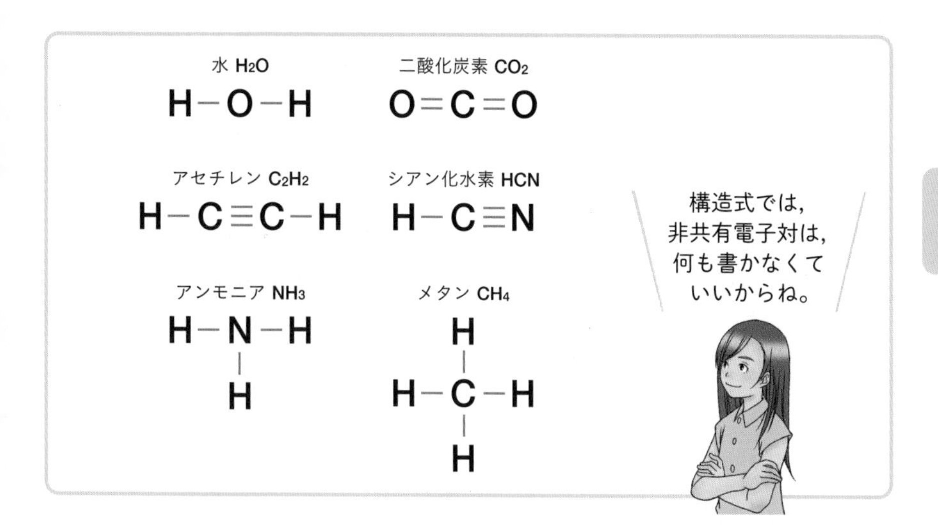

③ 分子の形

電子対は負に帯電しているため，**電子対どうしは反発し，できるだけ離れようとします**。
これを利用して，分子の形を予想することができます。
まずは, 3 つの形を見ていきましょう。

メタン CH_4 は，真ん中の炭素原子 C が 4 対の電子対をもちます。
これらができるだけ離れようとするので，分子の形は**正四面体形**になります。

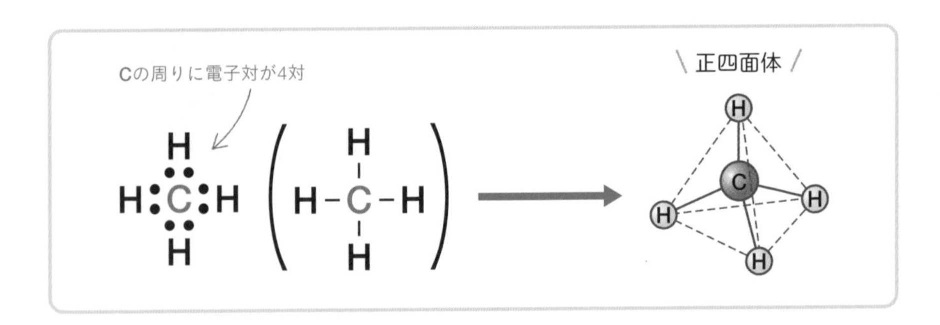

化学式 BF_3 で表される三フッ化ホウ素は，真ん中のホウ素原子 B が 3 対の電子対をもちます。
これらができるだけ離れようとするので，分子の形は**正三角形**になります。

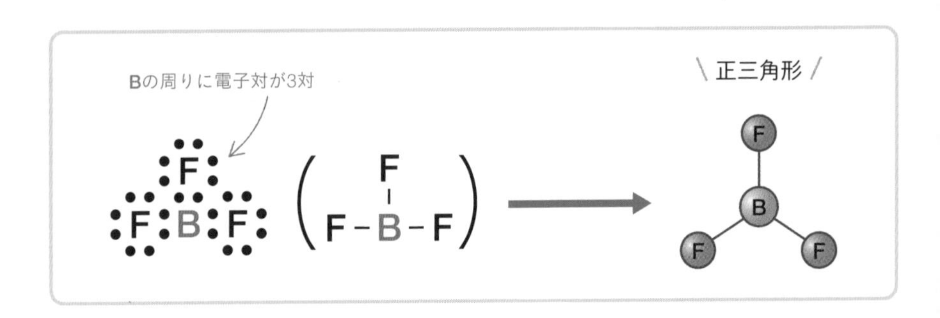

二酸化炭素 CO_2 は，真ん中の炭素原子 C が 2 組の電子対をもちます（二重結合や三重結合も 1 組と考えます）。
これらができるだけ離れようとするので，分子の形は**直線形**になります。

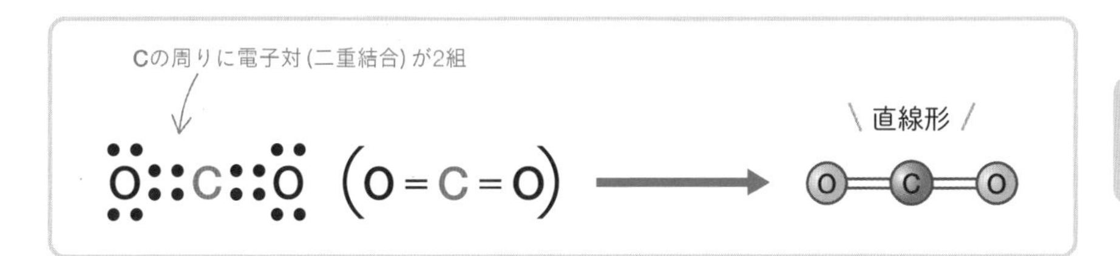

その他の大切な分子の形が以下のものです。
前のページの，「電子対どうしは反発し，できるだけ離れようとする」のちょっと応用で，**折れ線形**や**三角錐**（すい）**形**の分子もあります。

これらの形は答えられるようになっておきましょうね。

▶その他の代表的な分子の形

直線形	アセチレンC_2H_2 H−C≡C−H	シアン化水素HCN H−C≡N
折れ線形	水H_2O O / H H	硫化水素H_2S S / H H
三角錐形	アンモニアNH_3 N / H H H	

分子の形は，**正四面体形，正三角形，直線形，折れ線形，三角錐形。**

2 分子の極性

1 二原子分子の極性

塩化水素 HCl のように，異なる種類の原子が結合すると，**共有電子対は電気陰性度の大きい原子の方へ偏ります**。

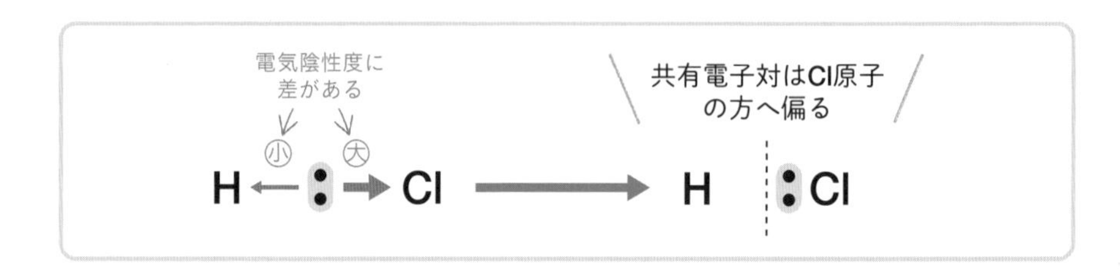

電子対は電気陰性度の大きい Cl 原子の方に引きつけられるため，Cl 原子は負に帯電し，H 原子は正に帯電します。
このような電荷の偏りを**極性**（きょくせい）といい，極性をもつ分子を**極性分子**といいます。

これに対して，塩素分子 Cl_2 のように同じ種類の原子どうしが結合すると，電気陰性度に差がないため，共有電子対は原子間の真ん中に位置します。
そのため，極性は生じません。
このように，極性をもたない分子を**無極性分子**といいます。

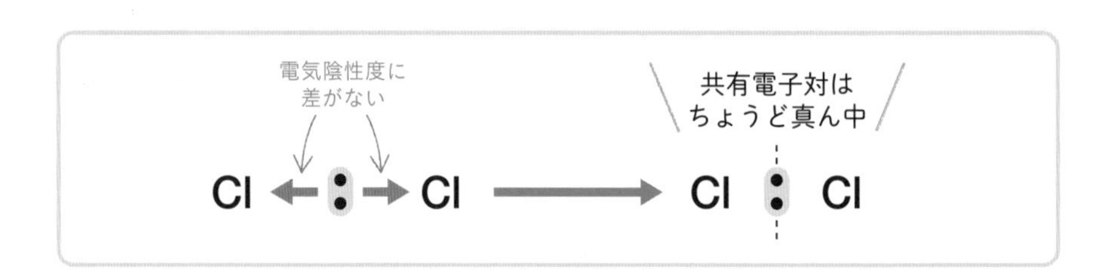

共有電子対は，
電気陰性度の大きい原子へ引きつけられる。

② 多原子分子の極性

多原子分子の極性の有無には，電気陰性度だけではなく，**分子の形が大きく関わります**。

まず，二酸化炭素 CO_2 で考えてみましょう。
C 原子と O 原子は電気陰性度に差があるため，**原子間に極性を生じます**。

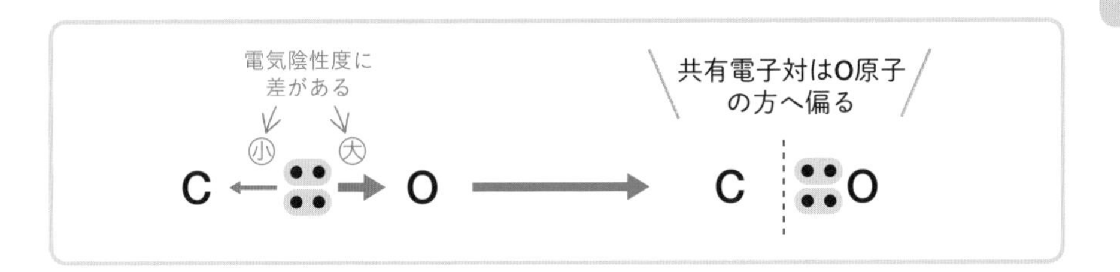

しかし，CO_2 は分子の形が**直線形であるため，分子全体で極性を打ち消します**。
よって，CO_2 は無極性分子です。

全体で極性を打ち消す

O = C = O → O ← C → O

Oが共有電子対を引っ張る

この他にも，分子全体で無極性分子になる多原子分子として，メタン CH_4 があります。

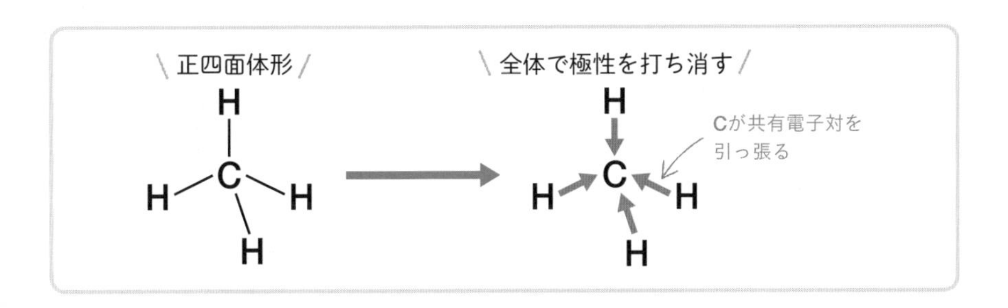

次に，水 H_2O を考えてみましょう。

H 原子と O 原子は電気陰性度に差があるため，原子間に極性を生じます。

そして，H_2O 分子は分子の形が**折れ線形であるため，分子全体で極性を打ち消すことはできません**。

よって，H_2O は極性分子となります。

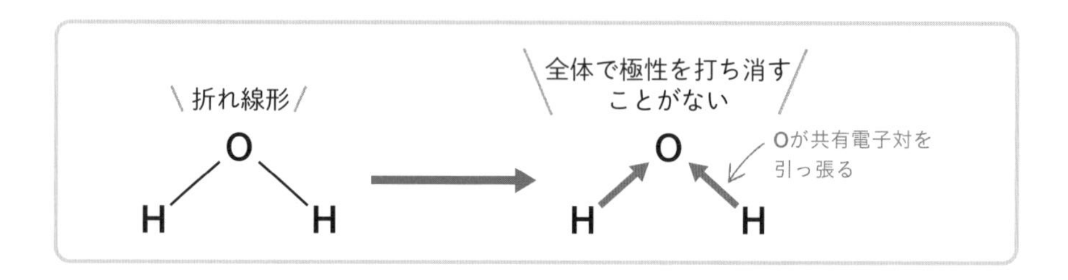

この他にも，分子全体で極性分子になる多原子分子として，アンモニア NH_3 などがあります。

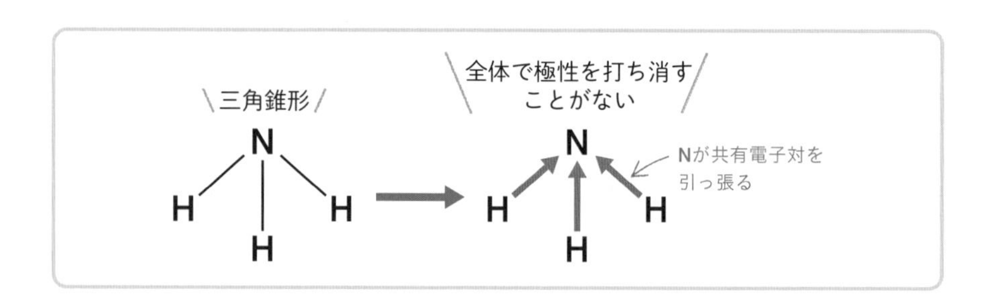

極性をもつ分子や NaCl のようなイオン結晶は，極性分子である H_2O によく溶けます。

3 分子間にはたらく力

分子の間には，弱い引力がはたらいています。
これらの力を総称して，**分子間力**といいます。
分子間力は，イオン結合や共有結合などの化学結合と比べると，はるかに弱い引力です。
発展的な内容ですが，次の２つの分子間力について，おさえておきましょう。

1 ファンデルワールス力

すべての分子間にはたらく弱い引力を**ファンデルワールス力**といいます。
分子全体で電荷をもたない無極性分子どうしも，ファンデルワールス力で引き合っています。

ファンデルワールス力は**非常に弱い引力**です。

2 水素結合

フッ素原子 F，酸素原子 O，窒素原子 N の間に水素原子 H を挟んでできる，分子どうしの結合を**水素結合**といいます。

水素結合をもつものは**「分子内に H－F，H－O，H－N 結合をもつ」**と考えると，判断しやすくなります。
例えば，フッ化水素 HF，水 H_2O，アンモニア NH_3 です。
これらはそれぞれ，分子内に H－F，H－O，H－N 結合をもつため，分子間に水素結合を形成します。

水素結合は**ファンデルワールス力に比べると，とても強い結合**です。

分子の間には，弱い引力である**分子間力**がはたらいている。

分子結晶

分子間力によってできる結晶を**分子結晶**といいます。
分子間力は，原子間の結合である化学結合(共有結合，イオン結合，金属結合)に比べて非常に弱いため，分子結晶は次のような性質をもちます。

❶ やわらかい
❷ 融点が低い
❸ 昇華性をもつものがある

通常，固体の結合が一部切れて液体，液体の結合が切れて気体，と状態変化が起こります。
しかし，無極性分子の分子間力はとくに弱いため，固体の結合が一度にすべて切れ，固体が直接気体に変化するものが存在します。
無極性分子の分子結晶の代表例は，**二酸化炭素 CO_2，ヨウ素 I_2，ナフタレン $C_{10}H_8$** です。

POINT!

無極性分子からなる分子結晶の代表例は，
二酸化炭素，ヨウ素，ナフタレン！

一問一答で講義の内容を確認しよう

OUTPUT TIME

3分

	問題	答え
1	貴ガス原子のように，原子１個で分子としてふるまうものを何という？	単原子分子 ➡p.113
2	共有電子対を線で表した式を何という？	構造式 ➡p.114
3	次の中で，二重結合をもつ分子はどれ？ N_2 H_2O NH_3 CH_4 CO_2	CO_2 ➡p.115
4	アンモニア NH_3 分子の形は？	三角錐形 ➡p.117
5	分子のもつ電荷の偏りを何という？	極性 ➡p.118
6	次の中で，極性分子はどれ？ N_2 CO_2 CH_4 H_2S	H_2S ➡p.119
7	分子間にはたらく引力を総称して何という？	分子間力 ➡p.121
8	7によってできる結晶を何という？	分子結晶 ➡p.122
9	次の結晶の中で，8でないものはどれ？ CO_2 SiO_2 I_2 $C_{10}H_8$	SiO_2（SiO_2 は共有結合のみの結晶） ➡p.122
10	8は融点が高い？ 低い？	低い ➡p.122

第11講，お疲れちゃん。
代表的な分子の形は，もう言えるかな？
出てきたものは頭に入れておこうね。

第12講 金属結合

1 金属結合と金属結晶

1 金属結合

金属元素の原子間にできる結合を，ナトリウム原子 Na で確認していきましょう。

どんな結合も，始まりは不対電子の共有です。

では，生じた電子対は誰のものになるのでしょうか。
Na 原子は金属元素で電気陰性度が小さいため，ともに電子対を引きつけようとしません。
よって，共有電子対はどちらの原子のものにもならず，自由に動き回ります。
これを自由電子といいます。

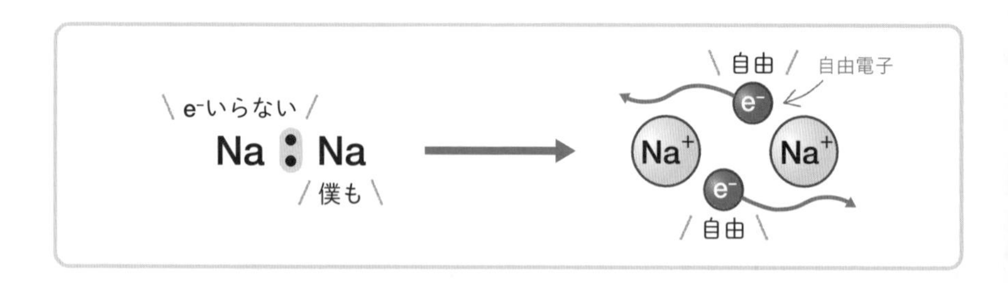

このような，金属の陽イオンと自由電子による結合を**金属結合**といいます。
金属原子から放出された自由電子は特定の原子のものではなく，すべての金属原子で共有されていると考えられます。

金属元素の原子間にできる結合が**金属結合**。
自由電子はすべての金属原子で共有される。

2 金属結晶とその性質

金属結合により，多数の金属原子が結合してできる結晶を**金属結晶**といいます。
金属の単体はすべて金属結晶で，化学式は本来Na_{∞}のように「∞」がつくはずですが，これを省略し，最小の繰り返し単位であるNaのみで表します。
すなわち**組成式**です。

金属結晶は，すべて自由電子が原因で，次のような特別な性質があります。

❶ 電気をよく通す（電気伝導性）

電子が自由に移動できるため，金属結晶は電気を通します。

金属の電気伝導性は，温度が高いほど小さくなります。
それは，温度が高くなると金属原子の熱運動が激しくなり，自由電子が移動しにくくなるためです。

❷ 熱をよく通す（熱伝導性）

自由電子は熱運動で動き回ります。

よって，熱をよく伝えることができます。

例えば，金属板の一部をバーナーであぶったとしましょう。

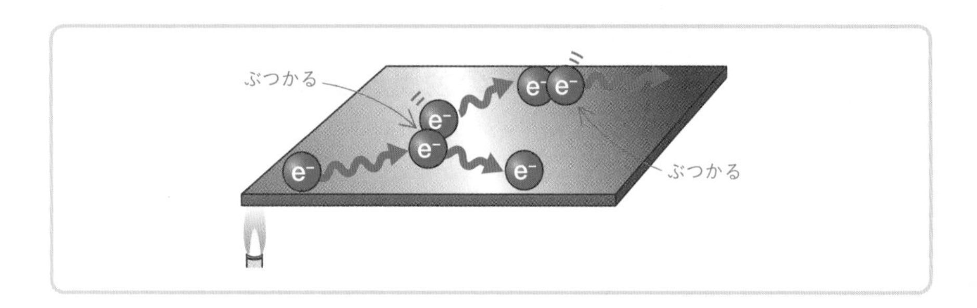

そこにあった自由電子は熱運動が激しくなり，他の自由電子に衝突します。

衝突された自由電子は，衝突されたことにより激しく運動し，他の自由電子に衝突します。

このように衝突を繰り返し，熱が伝わっていくのです。

❸ 延性・展性がある

金属結晶は，イオン結晶と違い，外部から力を加えても割れません。

電子が自由に移動できるため，同符号の粒子が接触することがないのです。

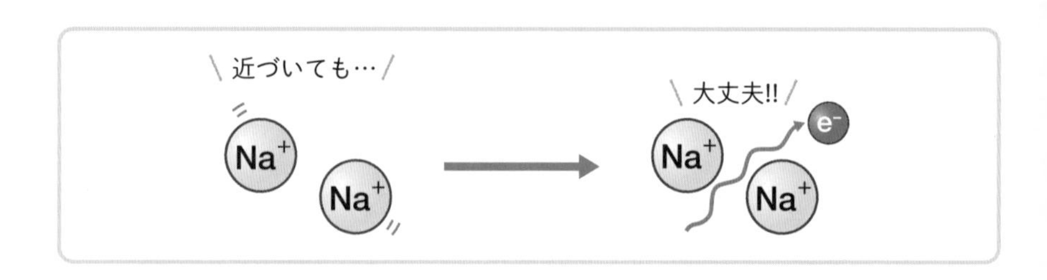

自由電子が動き回っているので，原子の配列が変わっても，その結合が切れることはありません。

そのため，**金属を引っ張ると，針金のように延びます**（**延性**）。

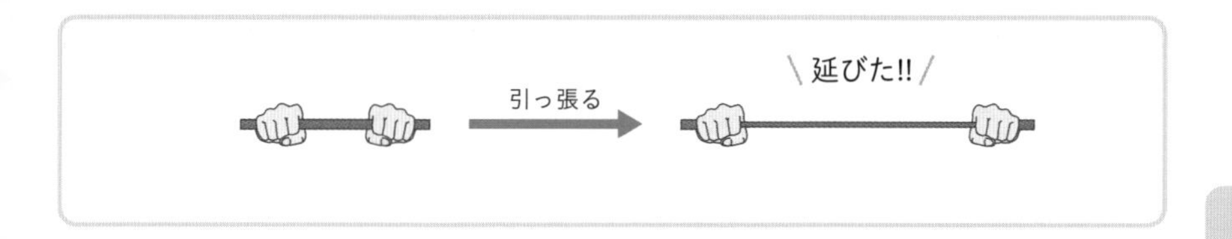

また，金属は，**力を加えるとアルミニウム箔のように平べったくなります**（**展性**）。

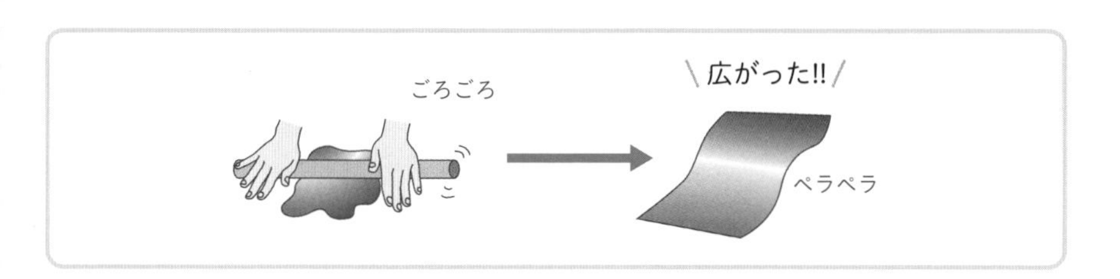

❹ 金属光沢がある

電子が自由に動いているため，金属は光を反射し，**金属特有の光沢をもちます**（**金属光沢**）。

❸ 導体と絶縁体

金属のように電気を通すものを**導体**といい，通さないものを**絶縁体**といいます。
また，その中間的な性質をもつものを**半導体**といい，ケイ素 Si やゲルマニウム Ge があります。
半導体は，太陽電池や LED，集積回路などに利用されています。

また，金属の中には低温で電気抵抗が 0 になるものがあります。
この現象を**超伝導**といい，リニアモーターカーなどに利用されています。

2 身の回りの金属

金属結晶からなる物質には，次のようなものがあります。

▶**身の回りの金属の性質**

組成式と名称	用途や性質など
Fe 鉄	鉄道のレール，建築物の鉄鋼などに大量に使用されている。
Al アルミニウム	空気中に放置すると表面に酸化被膜を作るため，内部が保護された状態になる。 この膜を人工的に作ったものが**アルマイト**。 アルミサッシや合金に利用されている。
Cu 銅	電気や熱を通しやすいため，導線や調理器具として利用されている。 長期間湿った空気中に放置すると，**緑青**(ろくしょう)という緑色のさびを生じる。神社の屋根などがその例。
Ag 銀	電気伝導性・熱伝導性が第１位の金属。 食器や装飾品として利用されている。
Au 金	延性・展性が第１位の金属。 代表的な貴金属。 装飾品や電子機器の材料として利用されている。
Hg 水銀	常温常圧で，単体が液体で存在する唯一の金属。 多くの金属と合金を作る。この合金を**アマルガム**という。

複数の金属を融解させて混ぜ合わせ，凝固させたものを合金といいます。合金には次のような例があります。

▶**合金の種類と性質**

名称	含まれる主な金属	性質	用途
ステンレス鋼	Fe・Cr・Ni	さびにくい	台所用品・工具
青銅(ブロンズ)	Cu・Sn	優れた鋳造性	硬貨・美術工芸品
黄銅(真ちゅう)	Cu・Zn	加工しやすい	硬貨・家庭用器具・楽器
ジュラルミン	Al・Cu・Mg・Mn	軽くて丈夫	航空機の機体

一問一答で講義の内容を確認しよう

OUTPUT TIME

3分

1	金属元素の原子間にできる結合を何という？	金属結合	➡p.125
2	1に関わっている，自由に動く電子を何という？	自由電子	➡p.124
3	金属が線状に延びる性質を何という？	延性	➡p.127
4	金属が箔状に広がる性質を何という？	展性	➡p.127
5	金属のように電気を通す物質を何という？	導体	➡p.127
6	電気を通さない物質を何という?	絶縁体	➡p.127
7	5と6の中間的な性質をもつ物質を何という？	半導体	➡p.127
8	鉄道のレールなどに利用されている金属元素は？	鉄[Fe]	➡p.128
9	電気伝導性・熱伝導性が第1位の金属元素は？	銀[Ag]	➡p.128
10	常温常圧で，単体が液体で存在する金属元素は？	水銀[Hg]	➡p.128

第12講，お疲れちゃん。
身の回りにある金属を確認しながら，
金属の性質を押さえておこうね。

第13講 錯イオンと高分子化合物

1 錯イオン

1 錯イオン

金属元素の陽イオンに，非共有電子対をもつ陰イオンや分子が配位結合することによってできるイオンを**錯(さく)イオン**といいます。

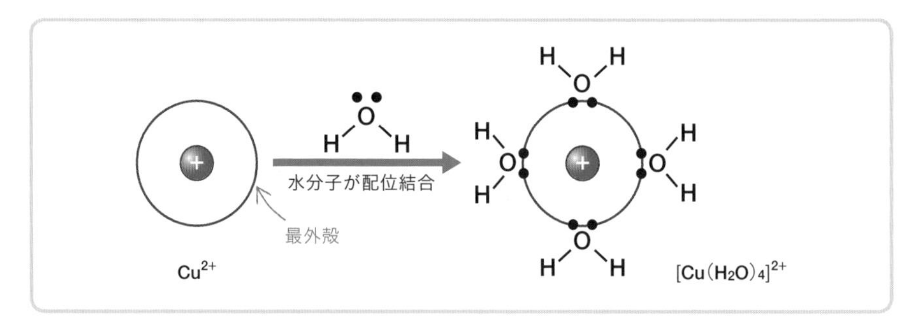

このとき，非共有電子対を提供したイオンや分子を**配位子**といいます。
配位子には次のような種類があり，配位子としてはたらいているときには，**特別な名前でよんでいきます**。

例 NH_3 ➡ **化合物名**：「アンモニア」 **配位子名**：「アンミン」

▶**配位子名**

配位子	NH_3	OH^-	H_2O	CN^-	$S_2O_3^{2-}$
名称	アンミン	ヒドロキシド	アクア	シアニド	チオスルファト

錯イオンの名称は少し複雑で，次のように表します。

例 $[Zn(OH)_4]^{2-}$ **名称**：テトラヒドロキシド亜鉛(Ⅱ)酸イオン

➡名称の「テトラ」はOH^-の数，「ヒドロキシド」はOH^-の配位子名，「(Ⅱ)」は亜鉛イオンの価数，「酸」は陰イオンであることを表しています。

2 高分子化合物

1 高分子化合物

一般的に，分子量(p.144)が約 10000 以上の化合物を**高分子化合物**といいます。高分子化合物は，天然に存在する**天然高分子化合物**(デンプン・タンパク質など)と，人工的に合成される**合成高分子化合物**に分類されます。

高分子化合物は，**小さな分子が繰り返し共有結合でつながってできています**。
この小さな分子を**単量体**(たんりょうたい)(**モノマー**)といい，単量体が繰り返し結合する反応を**重合**(じゅうごう)といいます。
単量体が重合して生じる高分子化合物を**重合体**(じゅうごうたい)(**ポリマー**)といいます。

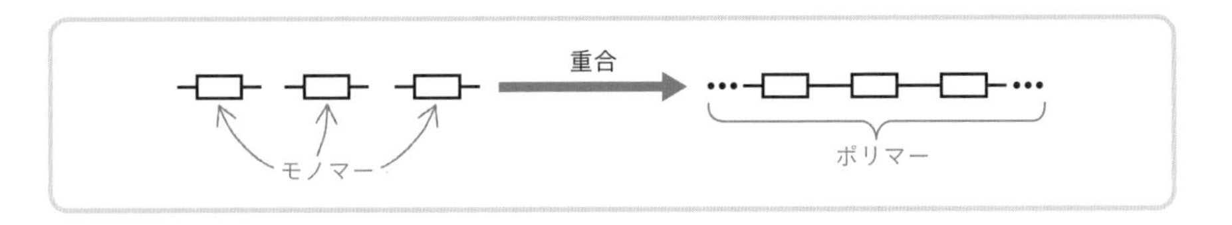

重合には付加重合と縮合重合があります。

2 付加重合

単量体が，炭素 C 原子間に二重結合 C＝C をもつ場合，**二重結合の 2 本の結合のうち，1 本を開いて**別の単量体と共有結合を作って重合します。
このような重合を**付加重合**といいます。

＼切って／ C＝C　＼切って／ C＝C　＼切って／ C＝C

付加重合 → …—C—C—C—C—C—C—…

／つながる＼　／つながる＼

▶付加重合で人工的に合成される高分子化合物

名称(略号)	原料(単量体)	用途
ポリエチレン(PE)	エチレン $CH_2{=}CH_2$	ポリ袋
ポリプロピレン(PP)	プロペン $CH_2{=}CH{-}CH_3$	食品用容器・洗面器
ポリスチレン(PS)	スチレン $CH_2{=}CH{-}C_6H_5$	緩衝材
ポリ塩化ビニル(PVC)	塩化ビニル $CH_2{=}CHCl$	消しゴム・水道管

3 縮合重合

単量体の分子間から，水 H_2O のような小さな分子が取れ，単量体間で共有結合を作って重合していくことを**縮合重合**(しゅくごう)といいます。

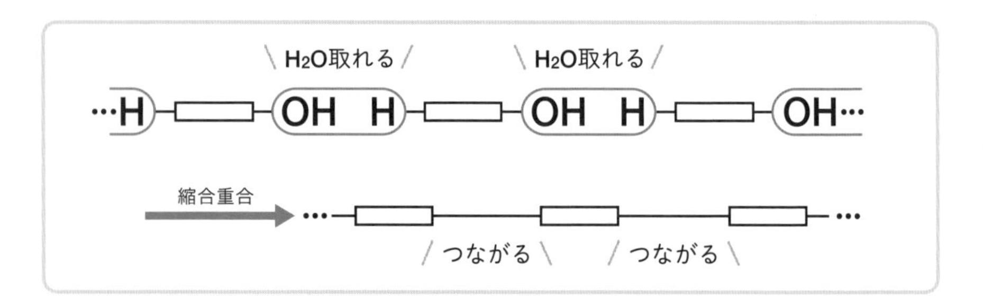

▶縮合重合で人工的に合成される高分子化合物

名称(略号)	原料(単量体)	用途
ポリエチレンテレフタラート(PET)	エチレングリコール $HO{-}CH_2{-}CH_2{-}OH$ テレフタル酸 $HOOC{-}C_6H_4{-}COOH$	ペットボトル 衣料品
ナイロン66(PA66)	ヘキサメチレンジアミン $H_2N{-}(CH_2)_6{-}NH_2$ アジピン酸 $HOOC{-}(CH_2)_4{-}COOH$	衣料品 釣り糸

3 結晶のまとめ

最後に，第３章で学んできた化学結合と結晶をおさらいしましょう。
表にまとめたので，それぞれの結晶を作る結合は何だったか，どんな性質をもっていたか，確認しておきましょうね。

▶結晶の種類と性質

	イオン結晶	共有結合の結晶	分子結晶	金属結晶
物質の例	塩化ナトリウム 水酸化カルシウム	ダイヤモンド 黒鉛 二酸化ケイ素	水 二酸化炭素 ヨウ素	ナトリウム 鉄 銅
構成元素	金属 ＋ 非金属	非金属のみ （ごく一部）	非金属のみ （共有結合の結晶以外）	金属のみ
結合を作る粒子	陽イオン ＋ 陰イオン	原子	分子	陽イオン ＋ 自由電子
結合	イオン結合	共有結合	原子間：共有結合 分子間：分子間力	金属結合
化学式	組成式	組成式	分子式	組成式
融点	高い	非常に高い	低い	低い～高い
電気伝導性	固体：なし 液体：あり	なし （黒鉛のみあり）	なし	あり
その他の性質	硬いがもろい	非常に硬い （黒鉛はやわらかい）	昇華性をもつものがある	延性・展性がある

一問一答で講義の内容を確認しよう

OUTPUT TIME

1	金属元素の陽イオンに，陰イオンや分子が配位結合してできるイオンを何という？	錯イオン	➡ p.130
2	1で配位結合する陰イオンや分子を何という？	配位子	➡ p.130
3	アンモニアの配位子名は？	アンミン	➡ p.130
4	小さな分子が繰り返し結合する反応を何という？	重合	➡ p.131
5	高分子化合物を構成している小さな分子を何という？	単量体［モノマー］	➡ p.131
6	5が繰り返し結合して生じる高分子化合物を何という？	重合体［ポリマー］	➡ p.131
7	5の二重結合の１本を開き，5どうしが共有結合によって多数つながる重合を何という？	付加重合	➡ p.131
8	5どうしの間から小さな分子が取れて多数つながる重合を何という？	縮合重合	➡ p.132

第13講，お疲れちゃん。
長かった第３章も終わったね。
原子の結合のしかたや結晶の種類を，
しっかり復習して思い出しておこうね。

第3章 章末チェック問題

【問1】

結晶に関する記述として誤りを含むものを，次の①～⑤のうちから1つ選べ。

① 塩化カリウムの結晶はイオン結晶である。
② 氷の結晶は分子結晶である。
③ ドライアイスの結晶は分子結晶である。
④ ケイ素の結晶は共有結合の結晶である。
⑤ 二酸化ケイ素の結晶はイオン結晶である。

【問2】

分子の形に関する記述として誤りを含むものを，次の①～⑤のうちからすべて選べ。

① アセチレン分子は，三角錐形である。
② 二酸化炭素分子は，直線形である。
③ 水分子は，折れ線形である。
④ アンモニア分子は，正三角形である。
⑤ メタン分子は，正四面体形である。

【問3】

金属の結晶に関する記述として正しいものを，次の①～⑤のうちからすべて選べ。

① 固体は電気伝導性を示さないが，融解すると電気伝導性が現れる。
② 展性や延性を示す。
③ 多数の分子が互いに弱い力で引き合って集合している。
④ 熱伝導性が大きく，その中でも銀が最大である。
⑤ 昇華性をもつものが多い。

【問4】

次の文章を読み，[ア]～[エ]にあてはまる語句をあとの語群から選べ。

原子が共有電子対を引きつける強さを電気陰性度といい，周期表上では，貴ガスを除いて，[ア]に位置するものほど大きくなる。異なる種類の原子からなる共有結合では，電気陰性度の差が大きいほど，電荷の偏りが[イ]くなる。このように，共有結合している2原子間に見られる電荷の偏りを，結合の極性という。分子間にはたらく引力を分子間力といい，構造が似た分子どうしでは，分子量が大きい分子ほど分子間力が強くなるため，融点や沸点が高くなる。[ウ]分子の場合には，分子間に静電気的な引力がはたらくため，分子間力は，分子量が同程度の[エ]分子よりも強くなり，融点や沸点は高くなる。

〈語群〉

① 左上　② 右上　③ 左下　④ 右下
⑤ 大き　⑥ 小さ　⑦ 極性　⑧ 無極性

解　答

【問1】⑤
【問2】①，④
【問3】②，④
【問4】ア ②　イ ⑤　ウ ⑦　エ ⑧

解き方

【問1】

それぞれの選択肢を確認していきましょう。

① 塩化カリウム KCl は，金属元素のカリウム K と非金属元素の塩素 Cl からなるため，イオン結晶です(p.100, 101)。　➡　正

② 氷 H_2O は非金属元素のみからなり，共有結合の結晶(ダイヤモンド・黒鉛・ケイ素・二酸化ケイ素・炭化ケイ素)にあてはまらないため，分子結晶です。　➡　正

③ ドライアイス CO_2 は非金属元素のみからなり，共有結合の結晶(ダイヤモンド・黒鉛・ケイ素・二酸化ケイ素・炭化ケイ素)にあてはまらないため，分子結晶です。　➡　正

④ ケイ素 Si は非金属元素のみからなり，共有結合の結晶(ダイヤモンド・黒鉛・ケイ素・二酸化ケイ素・炭化ケイ素)にあてはまるため，共有結合の結晶です。　➡　正

⑤ 二酸化ケイ素 SiO_2 は非金属元素のみからなり，共有結合の結晶(ダイヤモンド・黒鉛・ケイ素・二酸化ケイ素・炭化ケイ素)にあてはまるため，共有結合の結晶です。　➡　誤

以上より，**答** ⑤が解答となります。

共有結合の結晶は上記の 5 種類(p.110)，**無極性分子の分子結晶は二酸化炭素・ヨウ素・ナフタレンの 3 種類**(p.122)を覚えておきましょう。

【問2】

それぞれの選択肢を確認していきましょう。

① アセチレン C_2H_2 の分子の形は直線形です。　➡　誤

② 二酸化炭素 CO_2 の分子の形は直線形です。　➡　正
③ 水 H_2O の分子の形は折れ線形です。　➡　正
④ アンモニア NH_3 の分子の形は三角錐形です。　➡　誤
⑤ メタン CH_4 の分子の形は正四面体形です。　➡　正
以上より，答 ①，④が解答となります。
分子の形は，p.116，117 で確認しておきましょう。

【問 3】
それぞれの選択肢を確認していきましょう。
① **金属は，固体の状態で電気を通します。**
固体では電気を通さないが，融解すると電気を通すのは，イオン結晶の性質です(p.101)。　➡　誤
② 金属には，うすく広がる展性や，引っ張ると延びる延性があります(p.127)。
　➡　正
③ **金属の陽イオンと，自由電子からなる金属結合でできているのが，金属結晶です。**
分子が弱い力で引き合ってできているのは分子結晶です(p.122)。　➡　誤
④ 金属には熱を伝えやすい性質があり，その性質は銀が最大です(p.128)。
　➡　正
⑤ 昇華性をもつのは分子結晶の性質です(p.122)。　➡　誤
以上より，答 ②，④が解答となります。

【問 4】
ア 電気陰性度は周期表上で，貴ガスを除き，**右上**(答 ②)に位置する元素ほど大きくなります(p.95)。最大値をとるのはフッ素 F です。
イ 異なる原子からなる共有結合では，電気陰性度の差が大きいほど電荷の偏りが**大き**(答 ⑤)くなります。
この**電荷の偏りを極性といいます**(p.118)。
ウ，エ 分子間にはたらく引力である**分子間力は，基本的に分子量が大きい分子ほど強くなり，融点や沸点が高くなります**。
極性分子の場合，**極性**(答 ⑦)による引力が分子間にはたらくため，分子量が同程度の**無極性**(答 ⑧)分子に比べて引力が強くなり，融点や沸点が高くなります。

物質量と化学反応式

Amount of substance and chemical equations

INTRODUCTION

これから学ぶこと！

坂田先生

ここから**化学の計算**に入っていくよ。
拓海くんと葵さんは，化学の計算にどんなイメージがある？

拓海

モルが嫌い。モルで完全に化学あきらめたもん。

葵

私もモルは苦手だなー。

坂田先生

そっか……。
でも，モルは化学の計算を簡単にするためにあるんだよ。

拓海

簡単になる？？ 簡単どころか難しいよ！

坂田先生

じゃあ「ここに1粒 1.9926×10^{-23}g の原子が **6.02×10^{23} 個**あります。」って言われるのと，「原子量12の原子が **1mol** あります。」って言われるの，どっちが簡単？

葵

あれ？ どっちも同じ意味なの？
原子量が質量で，モルは個数なの？

坂田先生

そうだよ。鉛筆は12本で1ダースって言うよね。
原子は 6.02×10^{23} 個で 1mol だよ。

拓海

それならできそう！ ダースの計算とか小学校でやったしなぁ。

坂田先生

モルが何かを理解して練習したら，すぐにできるようになるよ。
小学校でダースの計算を習ったら，ドリルで練習したよね。
そんな感じで頑張ってみようね。

第14講 原子量・分子量・式量

1 原子量

1 原子の相対質量

原子の質量の代わりとして扱う数値に，質量数がありましたね(p.55)。
では，質量数１の ^{1}H 原子と質量数２の ^{2}H 原子の質量の比は，正確に１：２でしょうか。

実は，正確には１：２ではありません。およそ１：２です。
理由は「電子の数が１：２ではないこと」や「陽子の質量(1.673×10^{-24}g)と中性子の質量(1.675×10^{-24}g)が正確に一致していないこと」などです。

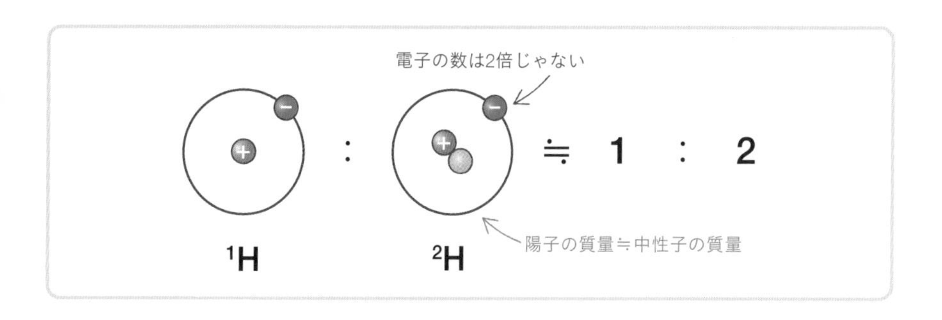

実際に ^{1}H 原子と ^{2}H 原子の質量の比は，

^{1}H 原子の質量：^{2}H 原子の質量＝ 1.6735×10^{-24}g：3.3445×10^{-24}g

となっていて，計算すると質量の比はぴったり１：２ではないことがわかります。

ただ，このとっても小さな数値を扱っていくのは大変ですよね。
そこで，実際の質量を，より簡単な数値で表すために**相対質量**を用います。
相対質量とは，**炭素原子 ^{12}C の質量を基準として相対的に表した質量**です。

^{12}C 原子1個の質量 1.9926×10^{-23}g を12と定め，他の原子の相対質量は，その何倍になるかで表します。

	＼基準／ ^{12}C	^{1}H	^{2}H
質量	1.9926×10^{-23}g	1.6735×10^{-24}g	3.3445×10^{-24}g
相対質量	12	x	y

$(1.9926 \times 10^{-23}):(1.6735 \times 10^{-24}) = 12 : x$　　$x = \underline{1.0078}$（^{1}H の相対質量）

$(1.9926 \times 10^{-23}):(3.3445 \times 10^{-24}) = 12 : y$　　$y = \underline{2.0141}$（^{2}H の相対質量）

このようにして求めた相対質量を見ると，^{1}H 原子と ^{2}H 原子の質量の比は，次のようになります。

^{1}H 原子の相対質量 x：^{2}H 原子の相対質量 $y = 1.0078 : 2.0141$

前のページの数値よりも，ずっと扱いやすくなりました。

そして，頭に入れておいてもらいたいことが1つあります。
相対質量は質量数とほぼ一致しているということです。

^{1}H 原子の相対質量 $x = 1.0078 \fallingdotseq 1$
^{2}H 原子の相対質量 $y = 2.0141 \fallingdotseq 2$

よって，おおまかに比較したり計算したりするときには質量数，より正確な計算をするときには相対質量を用います。

相対質量は
質量の比だから，
単位はつかないよ。

2 原子量

通常，**原子は同位体を区別せずに扱います**。
例えばH原子は，^{1}H原子も^{2}H原子も区別せず，水素H(元素)として扱います。
質量が違うだけで，化学的な性質は同じだからです。

よって，元素で扱うときには^{1}H原子の相対質量と，^{2}H原子の相対質量の**平均値で考えます**。

^{1}H原子(相対質量1.0078)の存在比が99.9885％，^{2}H原子(相対質量2.0141)の存在比が0.0115％なので，平均値は次のようになります。

$$1.0078 \times \frac{99.9885}{100} + 2.0141 \times \frac{0.0115}{100} = \underset{\text{H元素の原子量}}{\underline{1.008}}$$

この平均値をH元素の**原子量**といいます。
このようにして求めた原子量が，周期表の元素記号の下に表記されています。
なお，一般的に，化学の計算では原子量の概数値(がいすうち)を用います。

H元素の原子量1.008 ➡ 概数値1.0

原子量も，相対質量の
平均値だから
単位はつかないんだね。

2 分子量と式量

分子になる物質(非金属元素のみからなり，共有結合の結晶以外)の化学式は分子式でしたね(p.113)。
その**分子式を構成する元素の原子量の総和**を**分子量**といいます。

例 **分子式 H_2O**
H の原子量は 1.0，**O** の原子量は 16 なので，H_2O の分子量は，
$1.0 \times 2 + 16 \times 1 = \underline{18}$

また，分子になる物質以外の化学式は，すべて組成式でした(p.102)。
その**組成式を構成する元素の原子量の総和**を**式量**といいます。

例 **組成式 NaCl**
Na の原子量は 23，**Cl** の原子量は 35.5 なので，**NaCl** の式量は，
$23 \times 1 + 35.5 \times 1 = \underline{58.5}$

結局，分子量も式量も，よび方が違うだけで，**粒子や粒子の集まり「1 個分の質量を表す数値」**であることに変わりません。

「質量を，より簡単に表している数値」という意識をもって，原子量・分子量・式量を扱っていきましょう。

原子の相対質量をもとに，
元素は**原子量**，分子は**分子量**，それ以外は**式量**で表す。
分子量や式量は「1 個分の質量」を表す数値。

一問一答で講義の内容を確認しよう

OUTPUT TIME

1	原子の相対質量で，基準になっている原子は何？	質量数12の炭素原子 [^{12}C] ➡p.141
2	原子の相対質量は，何とほぼ一致している？	質量数 ➡p.142
3	相対質量の平均値を何という？	（元素の）原子量 ➡p.143
4	分子式を構成している元素の原子量の総和を何という？	分子量 ➡p.144
5	組成式を構成している元素の原子量の総和を何という？	式量 ➡p.144
6	次の中で，元素の原子量の総和が分子量になるのはどれ？ HCl KOH SiO_2 C Mg CuS	HCl（これ以外は式量。CやMgは原子量がそのまま式量となる。） ➡p.144
7	$MgCl_2$の式量はいくら？（原子量 Mg：24，Cl：35.5）	95（24×1＋35.5×2＝95） ➡p.144

第14講，お疲れちゃん。
現在の相対質量の基準は^{12}C＝12だけど，
Oが基準だった時代もあるんだよ。
相対質量，原子量，分子量，式量の違いを
きちんと理解して次の講に進もうね。

第15講 物質量

1 物質量

1 物質量とアボガドロ定数

物質を構成している粒子の数は非常に大きく扱いにくいので，**mol（モル）という単位を用いて表します。**

$6.02214076 \times 10^{23}$ 個の集まりが 1 mol です（本書では以下，**6.02×10^{23} 個**を 1 mol とします）。

このように，mol という単位で表す物質の量を**物質量**といいます。

「鉛筆 12 本 ＝ 1 ダース」と同じ感覚で扱っていきましょう。

身の回りでは…	**鉛筆 12 本**	➡	**1 ダース**
化学の計算では…	**粒子 6.02×10^{23} 個**	➡	**1 mol**

大切なのは，mol は個数を表す単位だということです。

1 mol という塊に含まれる個数が 6.02×10^{23} 個であり，「1 mol あたりの個数」という意味の単位 /mol を使って，6.02×10^{23}/mol と表すことができます。

この，6.02×10^{23}/mol を**アボガドロ定数**といい，N_A という記号で表します。

mol は個数を表す単位。
1 mol ＝ 6.02×10^{23} 個。

2 物質量の考え方

^{12}C 原子 1 個の質量は 1.9926×10^{-23}g です。これを 1mol，すなわち 6.02×10^{23} 個集めると，その質量は 12g になります。

$$1.9926 \times 10^{-23} \times 6.02 \times 10^{23} = 11.99 \cdots \rightarrow \underline{12\,\mathrm{g}}$$

この ^{12}C 原子 1mol の質量 12g は，^{12}C 原子の相対質量 12 と一致していますね。

^{12}C（相対質量 12）が 6.02×10^{23} 個集まると 12g

この考え方は**どんな原子や分子，イオンについても使うことができます**。
それは，粒子 1 個の重さを相対的に（相対質量）で表しているからです。

例えば，酸素原子 O を 6.02×10^{23} 個集めると，全体の質量は何 g になるでしょうか。
酸素の原子量は，同位体の相対質量の平均値から，およそ 16 とわかっています。
これは炭素の原子量 12 の約 $\frac{4}{3}$ 倍ですね。
原子 1 個の質量が $\frac{4}{3}$ 倍のものを同じ数（6.02×10^{23} 個）だけ集めると，全体の質量も $\frac{4}{3}$ 倍になります。

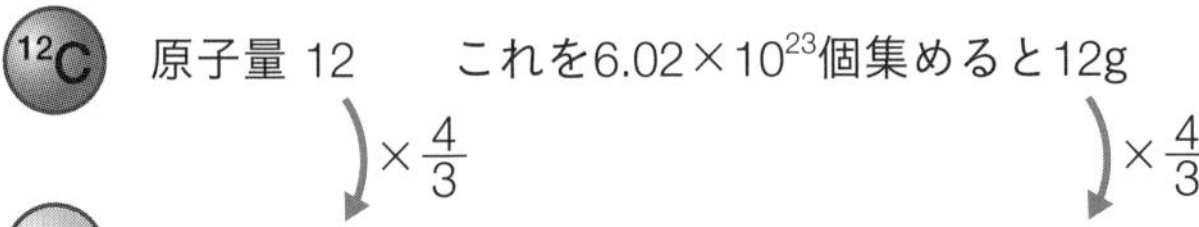

よって，O 原子の 1mol の質量と原子量が一致します。
このように，**粒子 1mol の質量〔g〕は原子量・分子量・式量と一致します**。
このことから，1mol あたりの質量，すなわち，原子量や分子量，式量に単位 g/mol をつけて表す数値を**モル質量**といいます。

POINT!

どんな原子，分子，イオンでも mol の考え方は共通。
原子量・分子量・式量と**モル質量**は同じ数値。

2 物質量と気体の体積

1 アボガドロの法則

物質量と気体の体積の関係について，考えていきましょう。
『同温・同圧のもとで，同じ体積の気体には，気体の種類によらず，同じ数の分子が含まれている』
これを**アボガドロの法則**といいます。

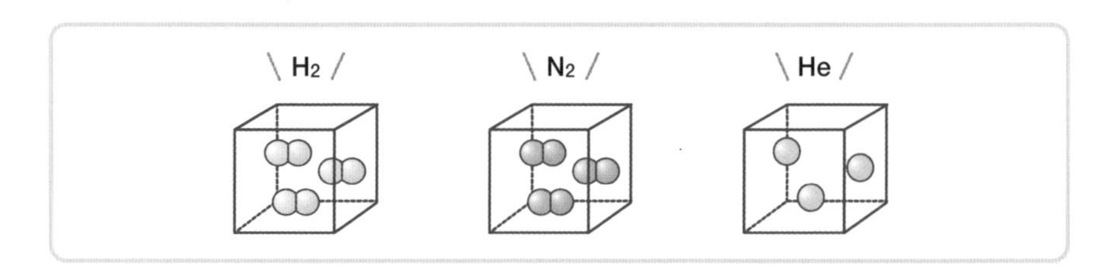

化学の計算では，粒子の数を物質量〔mol〕で扱うため，アボガドロの法則は『同温・同圧のもとで，同じ体積には同じ物質量〔mol〕の気体分子が含まれる』と言い換えることができます。
すなわち**どんな気体でも 1 mol 集まると体積が同じになる**ということです。

例えば，気体の温度が 0 ℃，気圧が 1.013×10^5 Pa の状態を標準状態といい，このとき，**どんな気体でも 1 mol の体積は 22.4 L になります**。
基本的に，気体を扱うとき，化学基礎では **0 ℃, 1.013×10^5 Pa** の状態（標準状態）で考えます。

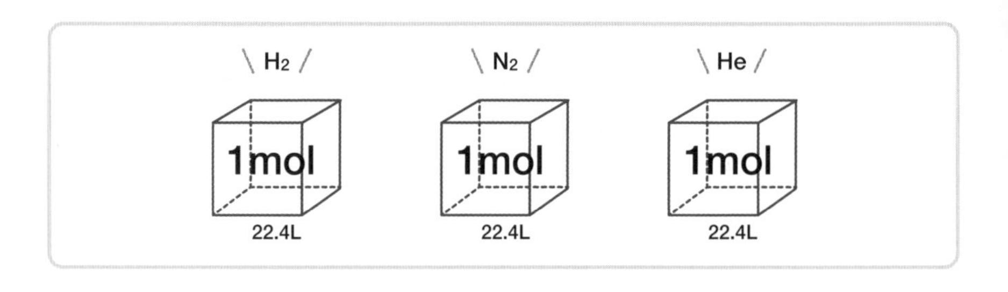

物質 1 mol あたりの体積を**モル体積**といい，単位は L/mol で表します。
0 ℃, 1.013×10^5 Pa でのモル体積は，どんな気体でも **22.4 L/mol** となります。

② 気体の密度と分子量

気体の密度は，通常 1L あたりの質量〔g/L〕で表します。
これを 22.4 倍すると 22.4L あたりの質量，すなわち 1mol あたりの質量(モル質量)になります。
モル質量と分子量は同じ数値なので，気体の密度を 22.4 倍するとその気体の分子量がわかります。

気体の密度 × 22.4 ＝ モル質量(分子量)
〔g/L〕　〔L/mol〕　〔g/mol〕

以上より，気体の密度と分子量は比例関係にあります(比例定数 22.4L/mol)。
よって**「密度の大きな気体 ＝ 分子量の大きな気体」**と考えることになります。
例えば，酸素 O_2(分子量 32)と二酸化炭素 CO_2(分子量 44)では，CO_2 の方が分子量が大きいため，密度が大きいと判断できます。

③ 混合気体の分子量

2 種類以上が混合した気体を，混合気体といいます。
例えば，空気は窒素 N_2 や酸素 O_2 などが混合している気体なので，混合気体です。

混合気体の分子量は**「混合している気体の分子量の平均値」**で表します。
これを**見かけの分子量(平均分子量)**といいます。

例 **空気の見かけの分子量**

➡空気が，分子量 28.0 の N_2 と分子量 32.0 の O_2 が物質量比 4：1 で混合している気体だとします。
見かけの分子量は，

$$28.0 \times \frac{4}{4+1} + 32.0 \times \frac{1}{4+1} = \underline{28.8}$$

これを空気の分子量として扱います。

ある気体の分子量が，空気の見かけの分子量 28.8 よりも大きいか小さいかで，空気より軽いか重いかがわかります。
水素 H_2（分子量 2.0）のように，分子量が 28.8 より小さい気体は，空気より軽い気体です。
一方，二酸化炭素 CO_2（分子量 44）のように，分子量が 28.8 より大きい気体は，空気より重い気体だとわかります。

どんな気体も **1 mol の体積は 22.4 L** で同じ。
気体の密度と分子量は**比例関係。**
混合気体の分子量は**平均値**で表す。

3 物質量の計算

物質量の計算をまとめると，次のようになります。

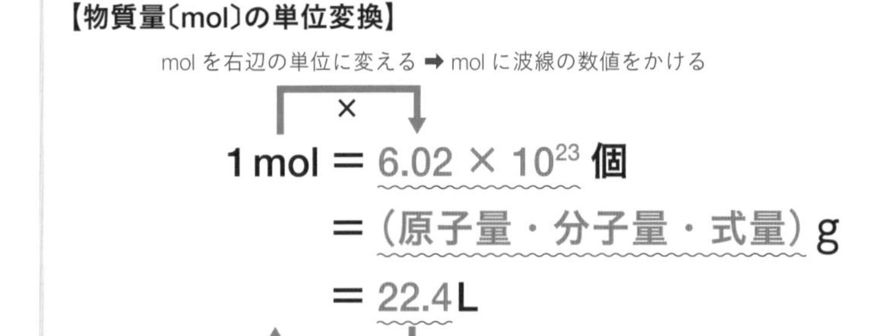

物質量の計算で頭に入れるのは，これがすべてです。
あとは，手を動かして計算問題を解く練習をしましょう。

練習問題

次の(1)～(3)の計算をしなさい。解答は有効数字2桁とする。
また，アボガドロ定数は 6.0×10^{23}/mol とする。

(1) 水 H_2O（分子量 18）27g に含まれる水分子は何個？

(2) 窒素 N_2（分子量 28）4.2g と酸素 O_2（分子量 32）3.2g の混合気体の体積は 0℃，1.013×10^5Pa で何 L？ N_2 と O_2 は互いに反応しないものとする。

(3) アンモニア NH_3（分子量 17）3.4g に含まれる H 原子は何 mol？

薫のルール！

1 mol ＝ **6.0×10^{23}** 個
　＝**(原子量・分子量・式量)**g
　＝ **22.4**L

mol を右辺の単位に変える ➡ 赤字をかける‼
右辺の単位を mol に変える ➡ 赤字で割る‼

解き方

(1) 質量〔g〕を個数に変える

まず，質量〔g〕を物質量〔mol〕に変えてから，個数に変えます。

❶ **質量〔g〕を物質量〔mol〕に変える**

➡質量を分子量で割る

$$\frac{27}{18} = \frac{3}{2}\ \text{mol}$$

❷ **物質量〔mol〕を個数に変える**

➡物質量にアボガドロ定数をかける

$$\frac{3}{2} \times 6.0 \times 10^{23} = \text{答 } 9.0 \times 10^{23}\ \text{個}$$

(2) 質量〔g〕を体積〔L〕に変える

まず，質量〔g〕を物質量〔mol〕に変えてから，体積〔L〕に変えます。

❶ **質量〔g〕を物質量〔mol〕に変える**

➡質量を分子量で割る

$$\frac{4.2}{28} + \frac{3.2}{32} = \frac{1}{4}\text{ mol}$$

❷ **物質量〔mol〕を体積〔L〕に変える**

➡物質量に 22.4 をかける

$$\frac{1}{4} \times 22.4 = $$ 答 **5.6 L**

（3）質量〔g〕を物質量〔mol〕に変える

❶ **質量〔g〕を物質量〔mol〕に変える**

➡質量を分子量で割る

$$\frac{3.4}{17} = \frac{1}{5}\text{ mol}$$

ここで求めたのは **NH_3** の物質量〔mol〕であることに注意。

これを **H** 原子の物質量〔mol〕に変える必要があります。

❷ **NH_3 の物質量〔mol〕を H 原子の物質量〔mol〕に変える**

➡❶を 3 倍する

$$\frac{1}{5} \times 3 = $$ 答 **0.60 mol**

物質量〔mol〕は個数を表す単位であったことに気をつけましょう。

NH_3 分子 1 個の中に，**H** 原子 3 個が含まれているため，**H** 原子の個数は **NH_3** 分子の個数の 3 倍です。

すなわち，**H** 原子の物質量〔mol〕は **NH_3** 分子の物質量〔mol〕の 3 倍になります。

このように，個数（または mol）は「何の」個数を聞かれているかで答えが変わります。（**NH_3** 分子なら 1 個。**H** 原子なら 3 個になります。）

何の個数（または mol）を聞かれているのか，しっかり確認するようにしましょう。

物質量の計算のときには，

「何の個数（または mol）を聞かれているのか」

をしっかり確認しよう。

一問一答で講義の内容を確認しよう

OUTPUT TIME

	問題	答え
1	1 mol に含まれる粒子の数は何個？	6.02×10^{23} 個 ➡ p.146
2	1 の数に /mol という単位をつけたものを何という？	アボガドロ定数 ➡ p.146
3	原子量・分子量・式量に g/mol という単位をつけたものを何という？	モル質量 ➡ p.147
4	『同温・同圧のもとで，同じ体積の気体には，気体の種類によらず，同じ数の分子が含まれている』この法則を何という？	アボガドロの法則 ➡ p.148
5	気体の密度〔g/L〕に 22.4 をかけると何が求められる？	モル質量［分子量］ ➡ p.149
6	分子量 M の物質が w〔g〕あるとき，物質量は何 mol？	$\frac{w}{M}$〔mol〕 ➡ p.150
7	ある気体 n〔mol〕の体積は 0 ℃，1.013×10^5 Pa で何L？	$22.4n$〔L〕 ➡ p.150
8	ある原子 x〔個〕の物質量は何 mol？ ただしアボガドロ定数は N_A〔/mol〕とする。	$\frac{x}{N_A}$〔mol〕 ➡ p.150

第15講，お疲れちゃん。
物質量の計算は大丈夫になったかな？
スラスラできるようになるまで，
手を動かして練習しようね。

第16講 溶液の濃度

1 溶解と溶液

水に食塩(塩化ナトリウム NaCl)を入れると，溶けて食塩水(塩化ナトリウム水溶液)ができます。

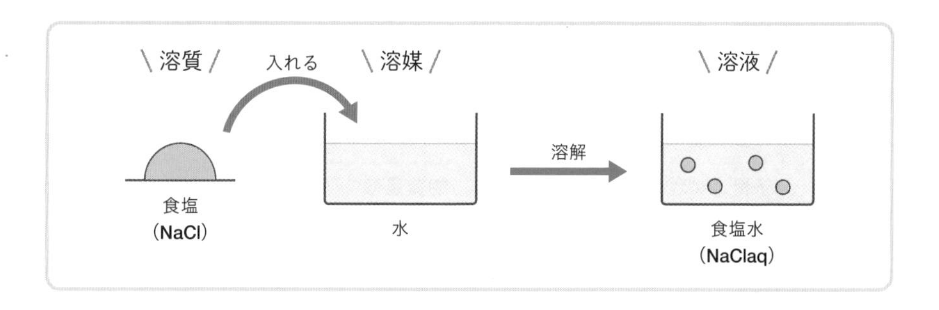

このように，物質が溶けて均一な溶液になることを**溶解**といいます。
そして，食塩のように溶けている物質を**溶質**，水のように物質を溶かしている液体を**溶媒**，食塩水のように溶質と溶媒からなる液体を**溶液**といいます。

溶液の名称は，「**溶質 ＋ 溶媒 ＋ 溶液**」です。
例えば，NaCl が水に溶解していたら「**塩化ナトリウム水溶液**」。
ステアリン酸がベンゼンに溶解していたら「**ステアリン酸ベンゼン溶液**」となります。

そして，**物質の溶解は「似たものどうし」で起こりやすくなります**。
極性をもつ物質は極性をもつ溶媒(水 H_2O など)に溶解しやすく(p.120)，極性をもたない物質は極性をもたない溶媒(ベンゼンなど)に溶解しやすいのです。

2 溶液の濃度

溶液の中で化学変化が起こるとき，反応しているのは溶質です。
よって，溶質の量を知ることが大切になります。
これを「溶液に対して溶質がどのくらいの割合で存在しているか」で表したものを**濃度**といいます。

1 質量パーセント濃度

溶液の質量〔g〕に対する溶質の質量〔g〕の割合を，パーセント〔%〕で表したものが**質量パーセント濃度〔%〕**です。

$$質量パーセント濃度〔\%〕 = \frac{溶質の質量〔g〕}{溶液の質量〔g〕} \times 100$$

例 **硝酸カリウム 20gを水 100gに溶かした水溶液の質量パーセント濃度は何%？**

$$\frac{溶質〔g〕}{溶液〔g〕} \times 100 \quad \Rightarrow \quad \frac{20g}{20g + 100g} \times 100 = 16.66 \fallingdotseq \underline{16.7\%}$$

通常，液体は体積ではかり取るため，問題で与えられるデータは「溶液の質量」ではなく「溶液の体積」になることが多いです。

しかし，質量パーセント濃度は「溶液の質量」を使っているため，与えられた**「溶液の体積」を「溶液の質量」に変える**必要があります。
そのためには，密度を使います。

溶液の体積　×　溶液の密度　＝　溶液の質量

〔mL〕　〔g/cm³〕もしくは〔g/mL〕　〔g〕

密度を与えられたら，上のように「溶液の体積」に「密度」をかけて「溶液の質量」に変えましょう。

第4章 物質量と化学反応式

このように「溶液の質量」のデータがわかれば，質量パーセント濃度を使って溶質の質量を求めることができます。

$$\underset{〔g〕}{\textbf{溶液の質量}} \times \frac{\textbf{質量パーセント濃度}}{\textbf{100}} = \underset{〔g〕}{\textbf{溶質の質量}}$$

質量パーセント濃度と密度はセットだという意識をもっておきましょうね。

例 **98%の濃硫酸（1.8 g/cm³）200 mL 中に含まれている硫酸は何 g？**

$$\underbrace{200\,\mathrm{mL} \times 1.8\,\mathrm{g/cm^3}}_{\text{溶液の質量}} \times \frac{98}{100} = 352.8\,\mathrm{g} \fallingdotseq \underline{353\,\mathrm{g}}$$

1cm³ = 1mL
だったよね。

質量パーセント濃度と密度はセット！

溶液の体積 × 密度 ＝ 溶液の質量

まずはこの式を作る！

② モル濃度

溶液 1L に溶けている溶質の量を，物質量〔mol〕で表したものが，
モル濃度〔mol/L〕です。

$$\textbf{モル濃度〔mol/L〕} = \frac{\textbf{溶質の物質量〔mol〕}}{\textbf{溶液の体積〔L〕}}$$

例 **水酸化ナトリウム（式量 40）1.0g を水に溶かして 200mL の溶液にした。**
この水溶液のモル濃度は何 mol/L？

水酸化ナトリウムの物質量は， $\dfrac{1.0\,\text{g}}{40\,\text{g/mol}} = 0.025\,\text{mol}$

溶液の体積 200mL は， $\dfrac{200}{1000}\,\text{L} = 0.200\,\text{L}$

よってモル濃度は，

$$\frac{\textbf{溶質〔mol〕}}{\textbf{溶液〔L〕}} \Rightarrow \frac{0.025\,\text{mol}}{0.200\,\text{L}} = 0.125 \fallingdotseq \underline{0.13\,\text{mol/L}}$$

質量パーセント濃度とは違い，モル濃度は溶液の量を体積で
表しているため密度を使う必要がありません。

例 **0.40mol/L のアンモニア水 50mL 中に含まれているアンモニアは何 mol?**

$$0.40\,\text{mol/L} \times \frac{50}{1000}\,\text{L} = \underline{0.020\,\text{mol}}$$

このように，**モル濃度だと密度を使わず簡単に溶質の量を求めることができます**。
そのため，今後学んでいく「中和」や「酸化還元」でよく登場する濃度です。

与えられた溶液の体積のデータを**そのまま使える**のが，モル濃度。
溶質の量を簡単に求めることができる。

3 濃度を使った計算

1 溶液の希釈

溶液に溶媒を加えて，濃度を小さくする操作を希釈といいます。
計算問題では基本的に水溶液を扱うので，**「水を加えて希釈」**という表現になります。
溶液を希釈するとき，希釈前後で溶質の量は不変です。

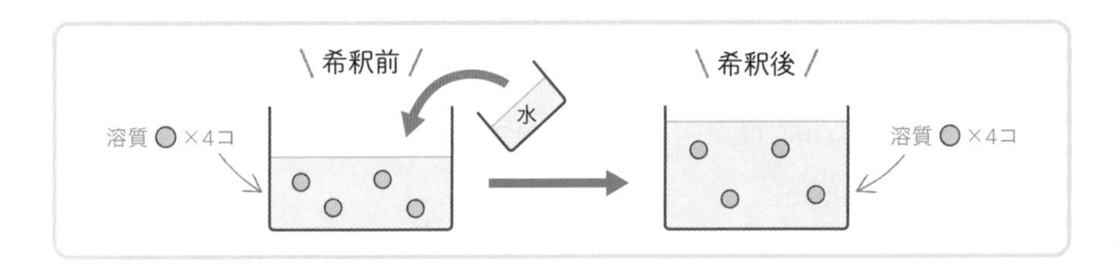

よって，希釈の計算問題では

希釈前の溶質の量　＝　希釈後の溶質の量

の式をたてましょう。

例 **36％，1.2g/cm³ の塩酸に水を加えて希釈し，0.50mol/L の塩酸 250mL にしたい。36％ の塩酸は何 mL 必要？ ただし HCl の分子量は 36.5 。**

「希釈前の溶質の量＝希釈後の溶質の量」の関係を物質量〔mol〕で表した式をたててみましょう。

36％ の塩酸が x〔mL〕必要だとすると，

$$\underbrace{x\text{〔mL〕} \times 1.2\,\text{g/cm}^3 \times \frac{36}{100} \times \frac{1}{36.5\,\text{g/mol}}}_{\text{希釈前の溶質の量〔mol〕}} = \underbrace{0.50\,\text{mol/L} \times \frac{250}{1000}\,\text{L}}_{\text{希釈後の溶質の量〔mol〕}}$$

$x = 10.5 \fallingdotseq \underline{11\,\text{mL}}$

「水を加えて濃度を小さくすること」が希釈。
希釈前後で溶質の量は変わらない。

❷ 濃度の単位変換

次は，濃度の単位を変える計算です。
質量パーセント濃度もモル濃度も「分母は溶液」「分子は溶質」です。
よって，分母と分子の単位をそれぞれ変えることを意識しましょう。

❶ 質量パーセント濃度をモル濃度に変える

質量パーセント濃度 x〔%〕をモル濃度〔mol/L〕に変えてみましょう。
計算しやすいように，**溶液の質量を100gとして計算するのがポイント**です。

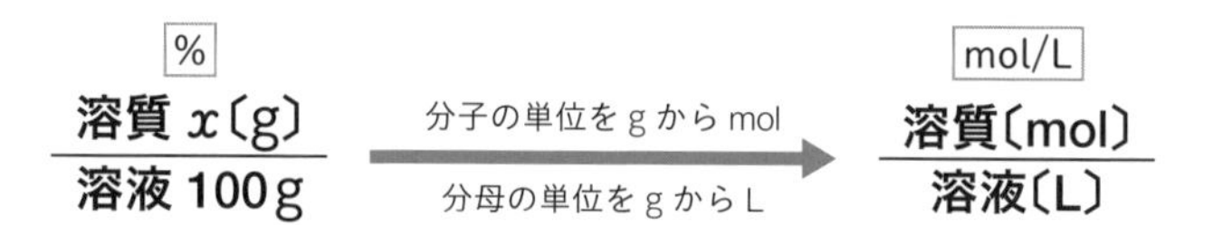

分母の単位：**溶液の質量100gを体積V〔L〕に変える**
溶液の密度を d〔g/cm³〕とすると，

$$(V \times 1000)\text{〔cm}^3\text{〕} \times d\text{〔g/cm}^3\text{〕} = 100\text{g}$$

$$V = \frac{1}{10d}\text{〔L〕}$$

分子の単位：**溶質の質量 x〔g〕を物質量〔mol〕に変える**
溶質の分子量を M とすると，物質量は，

$$\frac{x}{M}\text{〔mol〕}$$

以上より，モル濃度〔mol/L〕は，

$$\frac{\frac{x}{M}\text{〔mol〕}}{\frac{1}{10d}\text{〔L〕}} = \frac{10dx}{M}\text{〔mol/L〕}$$

例 98 % の濃硫酸（密度 1.8 g/cm^3）のモル濃度は何 mol/L？
ただし H_2SO_4 の分子量は 98 。

%　　　　　　　　　　　　　　　　　　　mol/L

$$\frac{\text{溶質 } 98\,\text{g}}{\text{溶液 } 100\,\text{g}} \xrightarrow[\text{分母の単位を g から L}]{\text{分子の単位を g から mol}} \frac{\text{溶質〔mol〕}}{\text{溶液〔L〕}}$$

分母の単位：**溶液の質量 100 g を体積 *V*〔L〕に変える**

$$(V \times 1000)\text{〔cm}^3\text{〕} \times 1.8\,\text{g/cm}^3 = 100\,\text{g}$$

$$V = \frac{1}{18}\,\text{L}$$

分子の単位：**溶質の質量 98 g を物質量〔mol〕に変える**

$$\frac{98\,\text{g}}{98\,\text{g/mol}} = 1\,\text{mol}$$

以上より，モル濃度〔mol/L〕は，

$$\frac{1\,\text{mol}}{\frac{1}{18}\,\text{L}} = \underline{18\,\text{mol/L}}$$

❷ モル濃度を質量パーセント濃度に変える

モル濃度 y〔mol/L〕を質量パーセント濃度〔%〕に変えてみましょう。

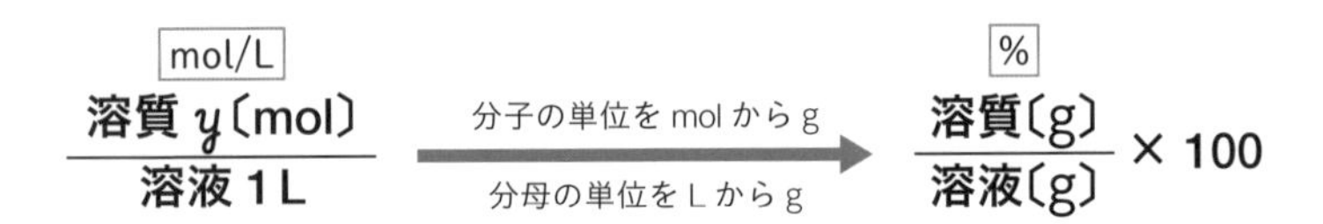

分母の単位：**溶液の体積 1 L を質量〔g〕に変える**

溶液の密度を d〔g/cm^3〕とすると，

$$(1 \times 1000)\,\text{cm}^3 \times d\text{〔g/cm}^3\text{〕} = 1000d\text{〔g〕}$$

分子の単位：**溶質の物質量 y〔mol〕を質量〔g〕に変える**

溶質の分子量を M とすると，質量は，

My〔g〕

以上より，質量パーセント濃度〔%〕は，

$$\frac{My\text{〔g〕}}{1000d\text{〔g〕}} \times 100 = \underline{\frac{My}{10d}\text{〔\%〕}}$$

例 15 mol/L のアンモニア水（密度 0.90 g/cm^3）の質量パーセント濃度は何％？ただし NH_3 の分子量は 17 。

$$\underset{\boxed{\text{mol/L}}}{\frac{\text{溶質 15 mol}}{\text{溶液 1 L}}} \xrightarrow[\text{分母の単位を L から g}]{\text{分子の単位を mol から g}} \underset{\boxed{\%}}{\frac{\text{溶質〔g〕}}{\text{溶液〔g〕}}} \times 100$$

分母の単位：**溶液の体積 1 L を質量〔g〕に変える**

$(1 \times 1000)\,\text{cm}^3 \times 0.90\,\text{g/cm}^3 = 900\,\text{g}$

分子の単位：**溶質の物質量 15 mol を質量〔g〕に変える**

$17\,\text{g/mol} \times 15\,\text{mol} = 255\,\text{g}$

以上より，質量パーセント濃度〔%〕は，

$$\frac{255\,\text{g}}{900\,\text{g}} \times 100 = 28.3 \fallingdotseq \underline{28\,\%}$$

単位変換の
計算は
慣れてきたかな？

練習問題

次の計算をしなさい。解答は有効数字２桁とする。

(1) 質量パーセント濃度 8.0%，1.1g/cm^3 の水酸化ナトリウム水溶液 100mL に含まれる水酸化ナトリウムは何g？ ただし **NaOH** の式量は 40 。

(2) 質量パーセント濃度 29.2%，1.2g/cm^3 の塩酸のモル濃度は何 mol/L？ ただし **HCl** の分子量は 36.5 。

濃度の計算は**単位に注目**する!!

解き方

(1) 単位に注目しながら，溶液の体積〔mL〕から溶質の質量〔g〕を求めましょう。

$$100\text{mL} \times 1.1\text{g/cm}^3 \times \frac{8.0}{100} = \text{答 } \underline{8.8\text{g}}$$

(2) 単位に注目して，質量パーセント濃度 29.2% をモル濃度〔mol/L〕に変えてみましょう。

分母の単位：溶液の質量を 100 g として体積 V〔L〕に変える

$$(V \times 1000)\text{〔cm}^3\text{〕} \times 1.2\text{g/cm}^3 = 100\text{g} \quad \text{より} \quad V = \frac{1}{12}\text{L}$$

分子の単位：溶質の質量 29.2 g を物質量〔mol〕に変える

$$\frac{29.2\text{g}}{36.5\text{g/mol}} = 0.80\text{mol}$$

以上より，モル濃度〔mol/L〕は，

$$\frac{0.80\text{mol}}{\frac{1}{12}\text{L}} = \text{答 } \underline{9.6\text{mol/L}}$$

溶液の調製

正確な濃度の溶液を作ることを，**調製**といいます。
溶液の調製は次のような手順で行います。

調製の手順

1.0mol/L の塩化ナトリウム **NaCl**（式量 58.5）水溶液 500mL を調製する手順を見ていきましょう。

❶ 必要な量の **NaCl** を電子天秤ではかり取ります。

$$1.0\,\text{mol/L} \times \frac{500}{1000}\,\text{L} \times 58.5\,\text{g/mol} = 29.25\,\text{g}$$

❷ はかり取った **NaCl** を適量の純水が入ったビーカーに入れ，溶かします。

❸ 500mL のメスフラスコに❷の溶液を移します。
ビーカー内に **NaCl** を残さないよう，ビーカーを少量の純水ですすぎ，そのすすいだ液もメスフラスコに入れます。

❹ メスフラスコの標線まで純水を加え，全体の体積を正確に 500mL にします。

❺ 栓をしてよく振り混ぜます。

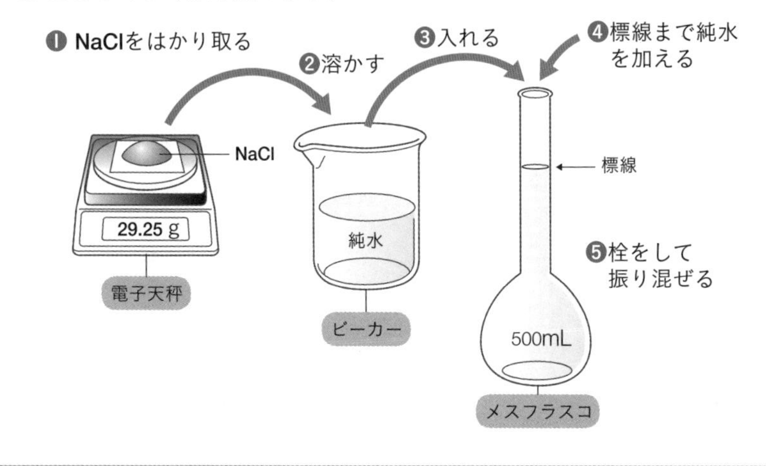

一問一答で講義の内容を確認しよう

OUTPUT TIME

	問題	答え
1	物質が溶けて均一な液体になることを何という？	溶解 ➡p.154
2	液体に溶けている物質を何という？	溶質 ➡p.154
3	物質を溶かしている液体を何という？	溶媒 ➡p.154
4	2と3からなる液体を何という？	溶液 ➡p.154
5	溶液の質量に対する溶質の質量の割合をパーセントで表した濃度を何という？	質量パーセント濃度 ➡p.155
6	溶液1Lに溶けている溶質の量を物質量で表した濃度を何という？	モル濃度 ➡p.157
7	正確な濃度の溶液を作ることを何という？	(溶液の)調製 ➡p.163
8	7の操作で，全体の体積を正確にはかるための，標線がついた実験器具は何？	メスフラスコ ➡p.163

第16講，お疲れちゃん。
濃度の計算も，物質量の計算と同じで，
手を動かしてしっかり練習しようね。
必ずできるようになるよ。

第17講 化学反応式とその量的関係

1 化学反応

物質が別の物質に変化することを，化学変化または化学反応といいます。
化学変化が起こると，変化するものがあります。
それは「物質」と「粒子の数」です。

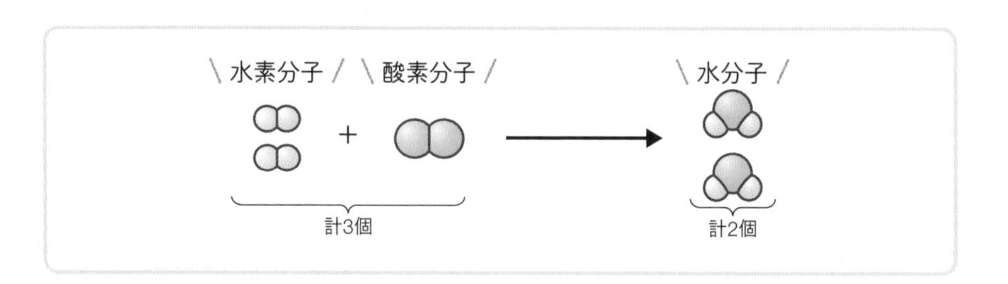

これを扱いやすくするため，化学式を用いて表したものを化学反応式もしくは反応式といいます。

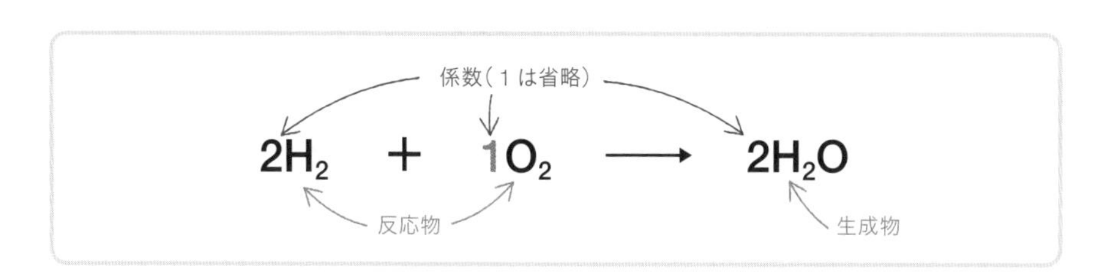

化学反応式の左辺にある物質（反応する物質）を反応物，右辺にある物質（反応により生じた物質）を生成物といいます。

そして，反応に関与する物質の粒子の数を，最も簡単な整数比で表したものを各化学式の前につけます。これを<u>係数</u>とよびます。

化学変化が起こると**物質と粒子の数が変化する。**
それを表したのが化学反応式。

2 化学反応式

❶ 化学反応式の作り方

それでは，化学反応式の作り方をプロパン C_3H_8 の燃焼で確認していきましょう。燃焼とは，光や熱を出しながら物質が酸化することで，酸素 O_2 との反応ですよ。

化学反応式の作り方

❶ 左辺に反応物，右辺に生成物の化学式を書き，矢印(⟶)で結ぶ

$$C_3H_8 + O_2 \longrightarrow CO_2 + H_2O$$

❷ 左辺と右辺で元素の原子数が等しくなるように係数を入れる

・C_3H_8 の係数を 1 と決める。

$$1C_3H_8 + O_2 \longrightarrow CO_2 + H_2O$$

・両辺の C の原子数をそろえる。

$$1C_3H_8 + O_2 \longrightarrow 3CO_2 + H_2O$$

・両辺の H の原子数をそろえる。

$$1C_3H_8 + O_2 \longrightarrow 3CO_2 + 4H_2O$$

・両辺の O の原子数をそろえる。

$$1C_3H_8 + 5O_2 \longrightarrow 3CO_2 + 4H_2O$$

・係数 1 を省略する。

$$C_3H_8 + 5O_2 \longrightarrow 3CO_2 + 4H_2O$$

左辺と右辺で原子の数がそろっているかな。

左辺と右辺の原子の数をそれぞれ見てみると，両辺で同じ数になっていますね。

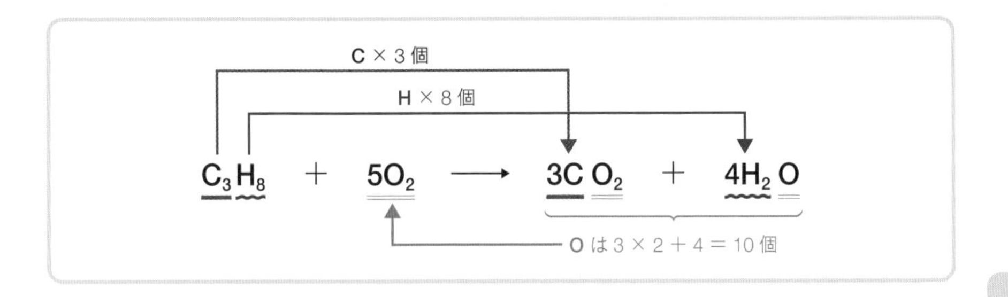

ここで，係数を決めるときのポイントが2つあります。

❶ 反応物のどれかの係数を1として，他の物質の係数を決める

このとき，原子の種類と数が多い物質（プロパンの燃焼だと O_2 ではなく C_3H_8）の係数を1とおくと決めやすくなります。

❷ 最初から係数を整数にする必要はない

係数が分数になってしまっても，最終的に整数に変えればOKです。

また，化学反応式を作るとき，反応物と生成物をすべて丸暗記する必要はありませんが，燃焼の反応式だけは確実に作れるようになっておきましょう。
炭素Cと水素Hだけからなる物質が完全燃焼すると，二酸化炭素 CO_2 と水 H_2O に変化します。

C と H からなる物質が完全燃焼すると，
CO_2 と H_2O になる。

❷ 未定係数法

係数が複雑になる場合，**係数を文字でおき**，各元素の原子の数に関する方程式をたて，連立方程式を解いて係数を決定します。
これを**未定係数法**といいます。

前のページと同じように，プロパン C_3H_8 の燃焼で確認してみましょう。

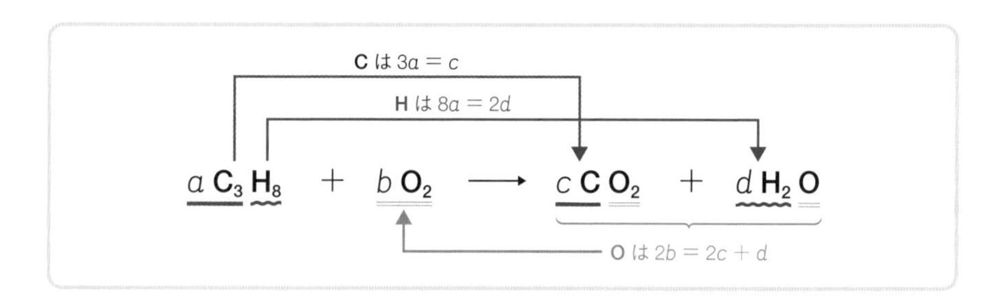

炭素 C について　$3a = c$　…①
水素 H について　$8a = 2d$　…②
酸素 O について　$2b = 2c + d$　…③
①より，$c = 3a$
②より，$d = 4a$
③より，$2b = 2 \times 3a + 4a$
$b = 5a$

以上より，$a : b : c : d = 1 : 5 : 3 : 4$ となるため，化学反応式は次のように書くことができます。

$$C_3H_8 + 5O_2 \longrightarrow 3CO_2 + 4H_2O$$

未定係数法は時間がかかるため，通常，化学反応式を作るときには使用しません。
また，化学反応式の係数が複雑になりやすい反応に，酸化還元反応がありますが，酸化還元反応式は別の方法で作ります(p.241)。

ですので，現段階では**左辺と右辺で元素の原子数をそろえる方法**で，燃焼のような比較的シンプルな化学反応式の係数を決める練習をしておきましょうね。

③ イオン反応式

反応に関与するイオンを含む化学反応式を，**イオン反応式**といいます。
イオン反応式を書くときには，**「両辺の元素の原子数だけでなく，両辺の電荷も等しくする」「反応前後で変化しないイオンは書かない」**ことに注意しましょう。

それでは，具体例を使ってイオン反応式の書き方を確認していきましょう。

例 **塩化ナトリウム NaCl 水溶液に硝酸銀 $AgNO_3$ 水溶液を加える**
➡塩化物イオン Cl^- と銀イオン Ag^+ が出会って，塩化銀 AgCl の沈殿を生じます(p.29)。これを図で表すと次のようになります。

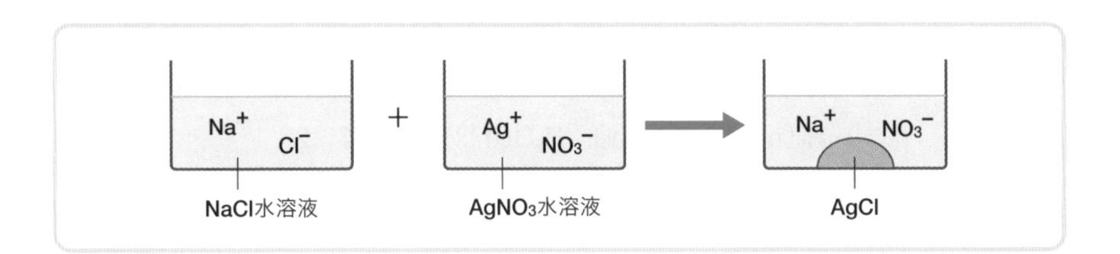

このとき，ナトリウムイオン Na^+ と硝酸イオン NO_3^- は反応前後で変化していないことがわかりますね。
反応に関与している Cl^- と Ag^+ だけを書くと，イオン反応式は次のようになります。

$$Cl^- + Ag^+ \longrightarrow AgCl$$

左辺と右辺で電荷が一致(ともに±0)していることも確認しておきましょう。

この化学変化を化学反応式で書くと，次のようになります。

$$NaCl + AgNO_3 \longrightarrow AgCl + NaNO_3$$

このように化学反応式上では硝酸ナトリウム $NaNO_3$ と表記しますが，実際は上の図のように，Na^+ と NO_3^- に電離していることを意識しておきましょうね。

イオン反応式は，
反応に関与しているイオンのみ表記する。

3 化学反応式と量的関係

化学反応式の係数は，反応物と生成物の粒子数の比を表していましたね(p.166)。

例 $2H_2 + O_2 \longrightarrow 2H_2O$

水素 H_2 2 個と酸素 O_2 1 個が反応して水 H_2O が 2 個生成する，という反応ですね。
これを利用して，化学反応式から，物質量や質量，気体の体積などがわかります。

1 物質量〔mol〕

物質量は粒子の数を表す単位でした(p.146)。
よって，**化学反応式の係数は物質量の比を表しているといえます。**
上の例だと，H_2 2mol と O_2 1mol が反応して H_2O 2mol が生じます。
すなわち，

$$H_2〔mol〕:O_2〔mol〕:H_2O〔mol〕= 2:1:2$$

という関係が成立します。
「係数比＝物質量〔mol〕比」というのをしっかり意識しましょう。

2 質量

上の例を使い「H_2（分子量 2）2mol と O_2（分子量 32）1mol が反応して H_2O（分子量 18）2mol が生じた」として考えていきましょう。

	$2H_2$	＋ O_2	⟶ $2H_2O$
物質量〔mol〕	2	1	2
質量〔g〕	2 × 2 ＝ 4	1 × 32 ＝ 32	2 × 18 ＝ 36
	計 36g		計 36g

質量に注目すると「反応物の合計質量と生成物の合計質量が等しい」ことがわかります。
化学変化が起こっても「反応前後で質量は変化しない」のです。
これを**質量保存の法則**(1774 年ラボアジエ)といいます。

③ 気体の体積

0℃，1.013×10^5 Pa において，1 mol の気体の体積は 22.4L でしたね(p.148)。

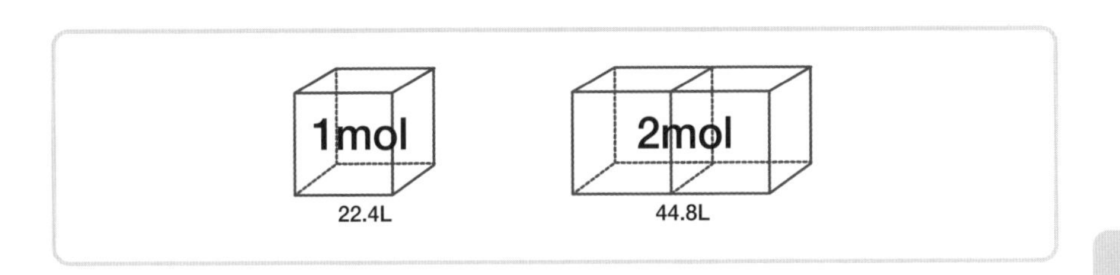

これより，**気体の物質量〔mol〕と体積は比例関係にある**ことがわかります。
化学反応式の係数は物質量の比を表しているので，気体の場合には**「係数比＝体積比」**が成立します。

「H_2 2 mol と O_2 1 mol が反応して H_2O（水蒸気）2 mol が生じた」としましょう。

	$2H_2$	＋ O_2	⟶ $2H_2O$
物質量〔mol〕	2	1	2
体積〔L〕	2 × 22.4 ＝ 44.8L	1 × 22.4 ＝ 22.4L	2 × 22.4 ＝ 44.8L
	2	： 1	： 2

係数通り，体積も 2：1：2 になっていることがわかりますね。

このように**「気体どうしの反応において，それらの気体の体積の間には簡単な整数比が成立」**します。
これを**気体反応の法則**（1808 年ゲーリュサック）といいます。

化学反応式において **「係数比＝物質量〔mol〕比」。**
物質が気体の場合には **「係数比＝体積比」。**

練習問題

エタン C_2H_6（分子量30）1.5gと酸素 O_2（分子量32）8.0gを混合し，完全燃焼させた。

(1) 化学反応式を書こう。

(2) 生成する水（分子量18）の質量は何g？

(3) 生成する二酸化炭素は0℃，1.013×10^5 Paで何L？

(4) 反応後，余った酸素は何mol？

化学反応式の**係数に注目**！
反応前後の変化量（**反応する量・生成する量**）がわかる！

解き方

(1) エタン C_2H_6 は炭素 **C** と水素 **H** からなるため，完全燃焼により，二酸化炭素 CO_2 と水 H_2O に変化します。

$$C_2H_6 + O_2 \longrightarrow CO_2 + H_2O$$

両辺で **C** と **H** の原子数をそろえます。

$$C_2H_6 + O_2 \longrightarrow 2CO_2 + 3H_2O$$

両辺で酸素 **O** の原子数をそろえます。（右辺に7個なので左辺も7個）

$$C_2H_6 + \frac{7}{2}O_2 \longrightarrow 2CO_2 + 3H_2O$$

係数を整数にするため，すべての係数を2倍します。

答 $2C_2H_6 + 7O_2 \longrightarrow 4CO_2 + 6H_2O$

(2) 反応前，変化量(これが係数比)，反応後の物質量を表にして考えていきましょう。

反応前の C_2H_6 の物質量は $\frac{1.5}{30}=0.050\,mol$，$O_2$ の物質量は $\frac{8.0}{32}=0.25\,mol$ なので，次のような表になります。

	$2C_2H_6$	+	$7O_2$	⟶	$4CO_2$	+	$6H_2O$
反応前	0.050 mol		0.25 mol		0 mol		0 mol
変化量							
反応後							

ここから，変化量と反応後の物質量を求めていきます。

化学反応式の係数より，反応に必要な O_2 は C_2H_6 の 3.5 倍であることがわかります。

しかし，実際に準備した量は 5 倍の 0.25 mol であるため，C_2H_6 はすべて反応し，**O_2 が過剰である(余る)**ことがわかります。

よって，C_2H_6 の物質量 0.050 mol を基準に，係数比(2：7：4：6)で変化することがわかります。

このとき，**反応物は減少(−)，生成物は増加(+)する**ことに注意しましょう。

	$2C_2H_6$	+	$7O_2$	⟶	$4CO_2$	+	$6H_2O$
反応前	0.050 mol		0.25 mol		0 mol		0 mol
変化量	− 0.050 mol		− 0.175 mol		+ 0.10 mol		+ 0.15 mol
	(2	:	7	:	4	:	6)
反応後	0 mol		0.075 mol		0.10 mol		0.15 mol

表より，H_2O(分子量 18)は 0.15 mol 生成するため，質量は次のようになります。

$0.15 \times 18 =$ 答 **2.7 g**

(3) 上の表より，反応後の CO_2 は 0.10 mol であるため，0 ℃，1.013×10^5 Pa での体積は次のようになります。

$0.10 \times 22.4 = 2.24 \fallingdotseq$ 答 **2.2 L**

(4) 上の表より，反応後に余っている酸素は 答 **0.075 mol** です。

一問一答で講義の内容を確認しよう

OUTPUT TIME

1	物質が別の物質に変化することを何という？	化学変化［化学反応］ ➡ p.165
2	1において，反応する物質を何という？	反応物 ➡ p.165
3	1において，反応により生じた物質を何という？	生成物 ➡ p.165
4	1を，化学式を用いて表したものを何という？	化学反応式［反応式］ ➡ p.165
5	4において，粒子の数の比を表した数値を何という？	係数 ➡ p.166
6	反応に関与するイオンを含む化学反応式を何という？	イオン反応式 ➡ p.169
7	化学反応の前後で質量が変化しないことを何という？	質量保存の法則 ➡ p.170
8	気体どうしの反応において，気体の体積の間には簡単な整数比が成立することを何という？	気体反応の法則 ➡ p.171

第17講，お疲れちゃん。
これで化学の基礎事項は終わったよ。
これまでやってきたことを生かして，
次の章からも頑張っていこうね。

第4章 章末チェック問題

【問1】

原子番号37，原子量85.5のルビジウムRbは天然に^{85}Rbと^{87}Rbの2種類の同位体が存在する。^{85}Rbの存在比は何%か。最も近いものを，次の①～⑥のうちから1つ選べ。ただし，各同位体の相対質量は，質量数と等しいものとする。

① 50%　② 55%　③ 60%　④ 65%　⑤ 70%　⑥ 75%

【問2】

次のa，bの文中の空欄［　］にあてはまる最も適切な数値を，下の①～⑤から1つずつ選べ。

a 塩化アンモニウムNH_4Cl（式量53.5）21.4gを水に溶かし，250mLの溶液にした場合の塩化アンモニウム水溶液のモル濃度は［　］mol/Lである。

① 0.100　② 0.400　③ 1.60　④ 2.50　⑤ 5.35

b 炭酸カルシウム$CaCO_3$（式量100）20gに含まれている酸素原子の個数は［　］$\times 10^{23}$個である。ただし，アボガドロ定数は6.0×10^{23}/molとする。

① 0.20　② 0.60　③ 1.2　④ 2.4　⑤ 3.6

【問3】

次の記述中の塩化ナトリウム（式量58.5）水溶液中に溶けている塩化ナトリウムの物質量のうち，最大のものはどれか。①～③のうちから1つ選べ。

① 質量パーセント濃度4.0%の塩化ナトリウム水溶液500g中に溶けている塩化ナトリウムの物質量
② モル濃度0.80mol/Lで密度1.1g/cm^{3}の塩化ナトリウム水溶液500mL中に溶けている塩化ナトリウムの物質量
③ モル濃度0.80mol/Lで密度1.1g/cm^{3}の塩化ナトリウム水溶液500g中に溶けている塩化ナトリウムの物質量

【問4】

次の文章を読み，［ア］，［イ］にあてはまる数値として適切なものを解答群からそれぞれ選べ。ただし，O の原子量を 16 とする。

ある体積の一酸化炭素を完全に燃焼させたところ，0 ℃，1.013×10^5Pa で 20L の二酸化炭素が生じた。この燃焼には［ア］g の酸素が必要である。また，0 ℃，1.013×10^5Pa で比べると，反応後に生じた二酸化炭素の体積は，反応した一酸化炭素と酸素の体積の和の［イ］になっている。

［ア］に対する解答群

① 8　② 14　③ 16　④ 25　⑤ 28

［イ］に対する解答群

① $\frac{1}{2}$倍　② $\frac{2}{3}$倍　③ $\frac{3}{4}$倍　④ 1.2 倍　⑤ 1.5 倍

解答

【問1】⑥

【問2】a ③　b ⑤

【問3】②

【問4】ア ②　イ ②

解き方

【問1】

原子量は，同位体の相対質量(この問題では質量数と等しい)の平均値です(p.143)。

^{85}**Rb**(相対質量 85)の存在比を x〔%〕とすると，^{87}**Rb**(相対質量 87)の存在比は(100－x)〔%〕と表せます。

よって，相対質量の平均値，すなわち原子量 85.5 は，次のように表すことができます。

$$85 \times \frac{x}{100} + 87 \times \frac{100 - x}{100} = 85.5 \qquad x = \underline{75\,\%}$$

以上より，答⑥が解答となります。

【問2】

a 塩化アンモニウムの物質量は，

$$\frac{21.4\,\mathrm{g}}{53.5\,\mathrm{g/mol}} = 0.400\,\mathrm{mol}$$

水溶液の体積 250mL の**単位を L に直す**と，

$$\frac{250}{1000}\,\mathrm{L} = 0.250\,\mathrm{L}$$

よって，モル濃度は，

$$\frac{溶質〔\mathrm{mol}〕}{溶液〔\mathrm{L}〕} \Rightarrow \frac{0.400\,\mathrm{mol}}{0.250\,\mathrm{L}} = \underline{1.60}\,\mathrm{mol/L}$$

以上より，答③が解答となります。

b 炭酸カルシウム $\mathbf{CaCO_3}$ 1 個の中に酸素原子 **O** が 3 つ含まれているため，**O** 原子の個数は，$\mathbf{CaCO_3}$ の個数の **3 倍**になります。

$\mathbf{CaCO_3}$ の個数は，

$$\frac{20}{100}\,\mathrm{mol} \times 6.0 \times 10^{23}/\mathrm{mol} = 1.2 \times 10^{23}\ 個$$

よって，**O** 原子の個数は，

$$1.2 \times 10^{23} \times 3 = \underline{3.6} \times 10^{23}\ 個$$

以上より，答⑤が解答となります。

【問3】

①～③の物質量をそれぞれ計算してみましょう。

① $500\,\text{g} \times \dfrac{4.0}{100} \times \dfrac{1}{58.5\,\text{g/mol}} \fallingdotseq \underline{0.34}\,\text{mol}$

② $0.80\,\text{mol/L} \times \dfrac{500}{1000}\,\text{L} = \underline{0.40}\,\text{mol}$

③ 密度 $1.1\,\text{g/cm}^3$ より，水溶液の体積をLで表すと，

$$\frac{500\,\text{g}}{1.1\,\text{g/cm}^3} \fallingdotseq 454.5\,\text{cm}^3 = \frac{454.5}{1000}\,\text{L}$$

$$0.80\,\text{mol/L} \times \frac{454.5}{1000}\,\text{L} \fallingdotseq \underline{0.36}\,\text{mol}$$

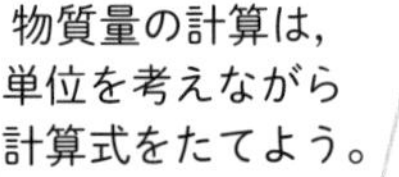

以上より，答 ②が解答となります。

【問4】

一酸化炭素COの燃焼は，次のような化学反応式で表せます。

$$2CO + O_2 \longrightarrow 2CO_2$$

ア 上の反応式の係数より，反応に必要な酸素 O_2(分子量32)の物質量は，発生する二酸化炭素 CO_2 の物質量の $\dfrac{1}{2}$ 倍であることがわかります。

CO_2 の物質量 ➡ $\dfrac{20}{22.4}\,\text{mol}$

O_2 の物質量 ➡ $\dfrac{20}{22.4} \times \dfrac{1}{2}\,\text{mol}$

よって，必要な O_2 の質量は次のようになります。

$$\frac{20}{22.4} \times \frac{1}{2} \times 32 \fallingdotseq \underline{14}\,\text{g}$$

以上より，答 ②が解答となります。

イ 上の反応式より，反応後に生じた CO_2(係数2)の体積は，反応したCOと O_2(係数2＋1＝3)の体積の和の $\dfrac{2}{3}$ 倍であることがわかります。

以上より，答 ②が解答となります。

第5章

酸と塩基の反応

Reaction of acids and bases

INTRODUCTION

これから学ぶこと

坂田先生

次はとうとう**酸**と**塩基**だよ。
中学校のときに少し習ったのを覚えてる？

拓海

うん。**中和反応**とか，なんとなくわかるよ。
でも，酸とアルカリって習ったなぁ。塩基と違うの？

坂田先生

アルカリっていうのは，水に溶ける塩基のことだよ。
中学では水溶液しか登場してないからね。

葵

水溶液以外でも中和反応が起こるの？
難しくなりそうだなぁ。

坂田先生

「酸と塩基の定義」「どんな水溶液でも成立している決まり」
をしっかり押さえれば大丈夫だよ。

拓海

「どんな水溶液でも成立している決まり」かぁ。
水って身近にあるから，どんな決まりなのか気になるな。

坂田先生

そうだね。
水は身近なものだし，化学ではとっても重要な溶媒だよ。

葵

酸や塩基だって，身近にあるよね。
炭酸水もそうでしょ？

坂田先生

そうそう！ 炭酸水は**酸性**だったね。
身近にある酸や塩基を探してみることから始めてもいいね。

第18講 酸・塩基

1 酸と塩基の定義

① アレニウスの定義

まずは，水溶液中での酸と塩基の定義を見ていきましょう。
『水溶液中で水素イオン H^+ を生じる物質を**酸**，水酸化物イオン OH^- を生じる物質を**塩基**という。』

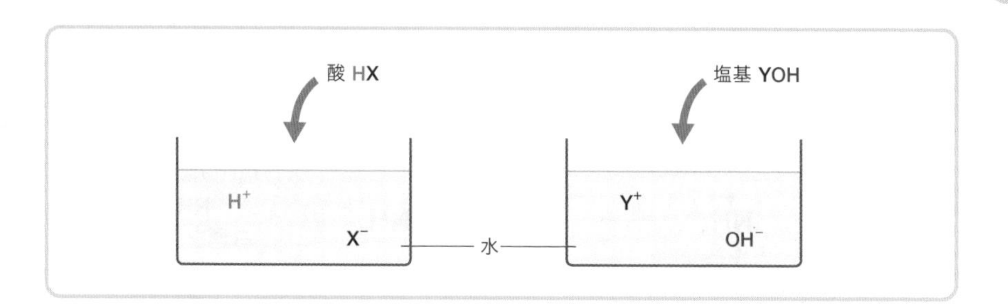

これを**アレニウスの定義**といいます。
これは水溶液中限定の定義です。
高校化学では水溶液中以外の酸と塩基も扱いますが，登場するものの多くは水溶液です。ですので，まずはアレニウスの定義で，酸と塩基をとらえられるようになりましょう。

例 **硝酸 HNO_3**
➡水に溶けると，電離して **H^+ を生じるため酸**

$$HNO_3 \longrightarrow H^+ + NO_3^-$$

水酸化ナトリウム NaOH
➡水に溶けると，電離して **OH^- を生じるため塩基**

$$NaOH \longrightarrow Na^+ + OH^-$$

② ブレンステッド・ローリーの定義

それでは，水溶液中以外での酸と塩基はどのように定義されるのでしょうか。

『H^+を与える物質を**酸**，受け取る物質を**塩基**という。』

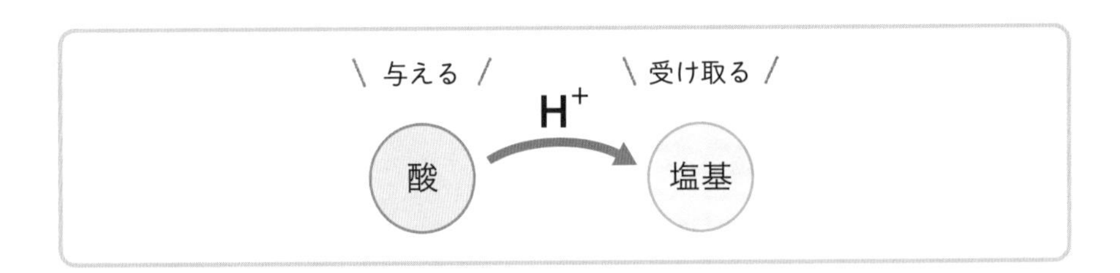

これを**ブレンステッド・ローリーの定義**といいます。
水溶液以外で，酸や塩基を扱うときに必要になります。

例 **塩化水素 HCl（気体）とアンモニア NH_3（気体）の反応**

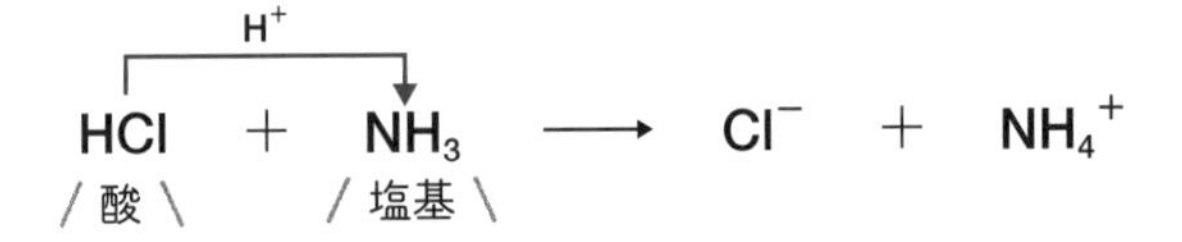

HCl ➡ **H^+を NH_3 に与えているため酸**

NH_3 ➡ **H^+を HCl から受け取っているため塩基**

塩化アンモニウム
NH_4Clの
白煙を生じるよ。

POINT!

H^+を与える物質が酸，
H^+を受け取る物質が塩基。

③ オキソニウムイオンH_3O^+

ここで，水溶液中で酸から生じたH^+について見ていきます。
水溶液中でH^+は不安定なため，水分子と配位結合(p.108)して，
オキソニウムイオンH_3O^+として存在しています。

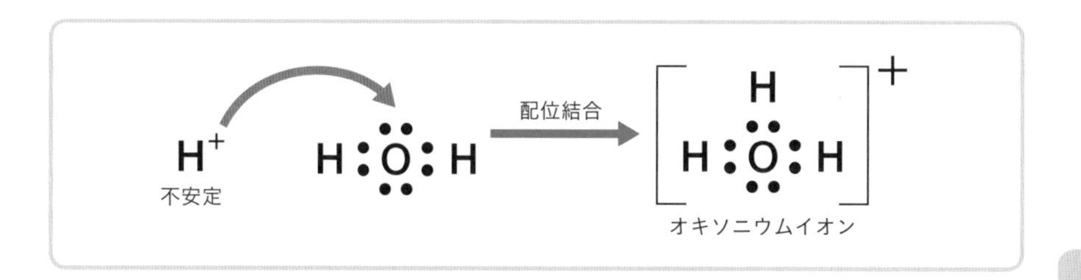

例えば，通常は，硝酸HNO_3の電離を次のように表記しますね。

$$HNO_3 \longrightarrow NO_3^- + H^+$$

しかし，これは省略した書き方で，本当は次のようになっています。

$$HNO_3 + H_2O \longrightarrow NO_3^- + H_3O^+$$

省略した書き方をすることが多いですが，どちらの表記でも対応できるようになっておきましょうね。
そして，正確な表記で考えると，ブレンステッド・ローリーの定義より，HNO_3の電離反応ではH_2Oを塩基としてとらえることができます。

$$\underset{\text{酸}}{HNO_3} + \underset{\text{塩基}}{H_2O} \longrightarrow NO_3^- + H_3O^+$$

（H^+はHNO_3からH_2Oへ移動）

H^+は水溶液中で水H_2Oと配位結合して，
オキソニウムイオンH_3O^+になる。

第5章 酸と塩基の反応

2 酸と塩基の価数

酸がもっているH^+の数を**酸の価数**(かすう)，塩基がもっているOH^-の数，または受け取ることができるH^+の数を**塩基の価数**といいます。
基本的に価数は，**化学式を見るとわかります**。

例 **硝酸** HNO_3 ➡ H^+を1個もっているので1価の酸です。
リン酸 H_3PO_4 ➡ H^+を3個もっているので3価の酸です。
水酸化カルシウム $Ca(OH)_2$ ➡ OH^-を2個もっているので2価の塩基です。

酸の価数を考えるとき，化学式の中でH^+にならないH原子を数えないように気をつけましょうね。

例 **酢酸** CH_3COOH
➡ CH_3COOHの中にH原子は4個ありますが，H^+になるのは1個なので，酢酸は1価の酸です（反応式の$\rightleftarrows$についてはp.186で説明します）。

$$CH_3COOH \rightleftarrows CH_3COO^- + H^+$$

また，化学式を見ただけでは価数がわからない酸と塩基があります。
それぞれ1つずつしかないので，価数を即答できるようになっておきましょう。

まず，化学式だけでは価数がわからない酸は，二酸化炭素CO_2です。
CO_2は，水中で炭酸H_2CO_3となり，H^+を2個もつため2価の酸です。

$$CO_2 + H_2O \rightleftarrows H_2CO_3$$

同じように，化学式だけでは価数がわからない塩基は，アンモニアNH_3です。
NH_3は，水中で次のように電離し，OH^-を1個生じるため1価の塩基です。

$$NH_3 + H_2O \rightleftarrows NH_4^+ + OH^-$$

POINT!

酸や塩基の**価数は化学式から判断**しよう。
CO_2は2価の酸，NH_3は1価の塩基であることに注意。

3 酸と塩基の強弱

1 電離度α

溶解している酸・塩基の物質量に対する，電離している酸・塩基の物質量の割合を**電離度**といいます。
電離度は，記号**α(アルファ)**で表します。

$$\textbf{電離度}\ \alpha = \frac{\textbf{電離している酸・塩基の物質量〔mol〕}}{\textbf{溶解している酸・塩基の物質量〔mol〕}} \quad (0 < \alpha \leqq 1)$$

$\alpha = 1$だと，溶解した酸や塩基は完全に電離しています。
また，$\alpha = 0.5$だと，溶解している酸や塩基のうちの半分が電離していることになります。

2 酸と塩基の強弱

溶解した酸・塩基がほぼすべて電離，すなわち電離度$\alpha \fallingdotseq 1$の酸や塩基を，**強酸**・**強塩基**といいます。

完全に電離してイオンに変化するため，反応式では⟶で表記します。
これは，右向きの反応しか起こらない(不可逆)という意味です。

例 **強酸の電離** ➡ $HNO_3 \longrightarrow H^+ + NO_3^-$

代表的な強酸・強塩基を，頭に入れておきましょう。

▶**代表的な強酸と強塩基**

強酸	HNO_3 硝酸	HCl 塩化水素	HBr 臭化水素	HI ヨウ化水素	H_2SO_4 硫酸
強塩基	KOH 水酸化カリウム	$NaOH$ 水酸化ナトリウム	$Ba(OH)_2$ 水酸化バリウム	$Ca(OH)_2$ 水酸化カルシウム	

それに対して，電離度αが1に比べて非常に小さく，電離しにくい酸や塩基を，**弱酸**・**弱塩基**といいます。
溶解した酸・塩基の一部しか電離しません。
強酸・強塩基以外はすべて弱酸・弱塩基と判断してください。

「電離しにくい」というのは，「イオンになりにくい」「イオンどうしがくっつきやすい」と同じです。
よって，イオンどうしがくっつく反応（電離の逆の反応）も進行するため，反応式の矢印は$\rightleftarrows$で表記します。
右向きの反応も左向きの反応も，どちらにも進行する（可逆）ということですね。

例 **弱酸の電離** ➡ $CH_3COOH \rightleftarrows CH_3COO^- + H^+$

弱酸・弱塩基についても，よく出るものをまとめたので，頭に入れておきましょう。

▶代表的な弱酸と弱塩基

弱酸	CH_3COOH 酢酸	CO_2 二酸化炭素	$(COOH)_2$※ シュウ酸	H_2S 硫化水素	H_3PO_4 リン酸
弱塩基	NH_3 アンモニア	$Cu(OH)_2$ 水酸化銅（Ⅱ）	$Fe(OH)_2$ 水酸化鉄（Ⅱ）	$Mg(OH)_2$ 水酸化マグネシウム	$Al(OH)_3$ 水酸化アルミニウム

※$H_2C_2O_4$と表すこともあります。

強酸・強塩基は，**水溶液中でほぼ電離**。
弱酸・弱塩基は，**一部が電離**。

一問一答で講義の内容を確認しよう

OUTPUT TIME

3分

	問題	答え
1	『水溶液中でH^+を生じる物質が酸，OH^-を生じる物質が塩基』。この定義を何という？	アレニウスの定義 ➡p.181
2	『H^+を与える物質が酸，受け取る物質が塩基』。この定義を何という？	ブレンステッド・ローリーの定義 ➡p.182
3	2の定義で考えると，次の反応における塩基は何？ 化学式で2つ答えよう。 $NH_3 + H_2O \rightleftarrows NH_4^+ + OH^-$	NH_3・OH^-（右向きの反応ではNH_3，左向きの反応ではOH^-がH^+を受け取っている） ➡p.182
4	酸がもっているH^+の数を何という？	酸の価数 ➡p.184
5	NH_3は何価の塩基？	1価 ➡p.184
6	溶解している酸や塩基の物質量に対する，電離している酸や塩基の物質量の割合を何という？	電離度 ➡p.185
7	6の値がほぼ1になる酸や塩基を，それぞれ何という？	強酸・強塩基 ➡p.185
8	次の中で7にあてはまるものはどれ？ すべて答えよう。 CO_2　$Mg(OH)_2$　HNO_3　KOH　H_3PO_4	HNO_3・KOH ➡p.185

第18講，お疲れちゃん。
強酸・強塩基はしっかり頭に入ったかな？
酸や塩基の強弱は大切だから，
すぐに答えられるようになろうね。

第19講 水の電離とpH

1 水の電離

水はごくわずかに電離して，水素イオン H^+ と水酸化物イオン OH^- を生じます。

$$H_2O \rightleftarrows H^+ + OH^-$$

この反応式の係数から，H^+ と OH^- は同じ量ずつ生じることがわかります。
すなわち，H^+ のモル濃度と OH^- のモル濃度が等しくなっています。

H^+ のモル濃度を**水素イオン濃度**，OH^- のモル濃度を**水酸化物イオン濃度**といい，それぞれ$[H^+]$，$[OH^-]$で表しますよ。
25 ℃では，**$[H^+]$も$[OH^-]$も 1.0×10^{-7} mol/L です**。

以上より，25 ℃では$[H^+]$と$[OH^-]$の積は 1.0×10^{-14} mol²/L² になります。
この数値を**水のイオン積** K_W といいます。

$$K_W = [H^+][OH^-] = 1.0 \times 10^{-14} \text{mol}^2/\text{L}^2 \ (25\ ℃)$$

この式は，25 ℃である限り，**どんな水溶液でも成立**しています。
塩酸でも，水酸化ナトリウム水溶液でも，25 ℃では溶液中の$[H^+]$と$[OH^-]$の積は 1.0×10^{-14} mol²/L² になっています。
発展的な内容ですが，水溶液の pH を求める問題で便利なので，覚えておくとよいでしょう。

POINT!

水はわずかに電離して H^+ と OH^- を生成。
25 ℃では，$[H^+] = [OH^-] = 1.0 \times 10^{-7}$ mol/L

2 水素イオン濃度とpH

❶ pH

水溶液の液性は，水溶液中の水素イオンのモル濃度$[H^+]$で決まります。

25℃において，$[H^+]$と液性の関係は次のようになります。

純水と同じ，すなわち $[H^+] = 1.0 \times 10^{-7}$mol/L ➡ **中性**

純水より大きい，すなわち $[H^+] > 1.0 \times 10^{-7}$mol/L ➡ **酸性**

純水より小さい，すなわち $[H^+] < 1.0 \times 10^{-7}$mol/L ➡ **塩基性**

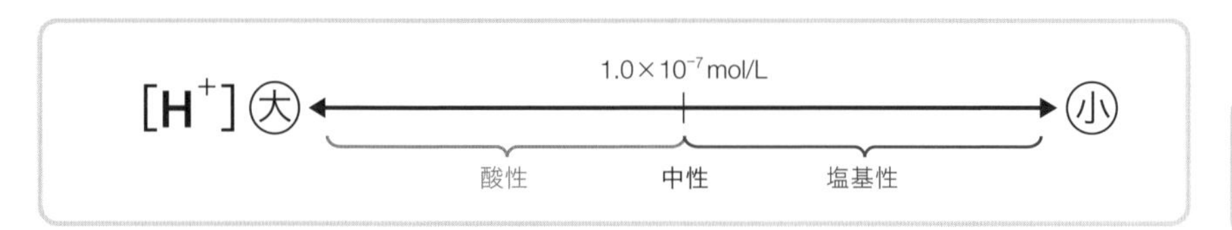

よって，$[H^+]$はとても大切な数値なんです。

しかし，変化が大きく非常に扱いにくいため，わかりやすい表記で表します。

それが，**pH**(ピーエイチ)**(水素イオン指数)**です。

$$[H^+] = 1.0 \times 10^{-n}\text{mol/L} \Rightarrow \text{pH} = n$$

液性をpHで表現すると次のようになります。

$[H^+] = 1.0 \times 10^{-7}$mol/L　すなわち **pH ＝ 7** のとき，**中性**

$[H^+] > 1.0 \times 10^{-7}$mol/L　すなわち **pH ＜ 7** のとき，**酸性**

$[H^+] < 1.0 \times 10^{-7}$mol/L　すなわち **pH ＞ 7** のとき，**塩基性**

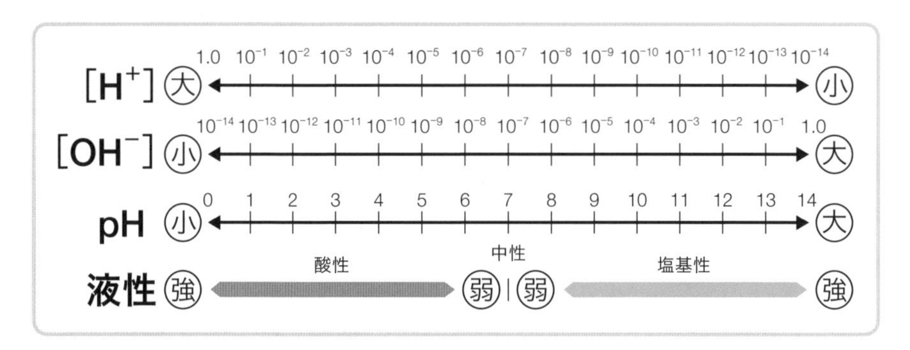

pHの数値によって，酸性・塩基性の強さがわかります。

❷ 水素イオン濃度$[H^+]$の求め方

pH は，水素イオン濃度$[H^+]$をわかりやすく表記したものなので，**pH を知るためには，$[H^+]$を求めることが必要です**。
では，$[H^+]$の求め方を確認していきましょう。

例 **0.050 mol/L，電離度α＝0.020 の酢酸 CH_3COOH 水溶液の$[H^+]$は？**
➡ CH_3COOH は 1 価の酸なので，CH_3COOH 中に存在する H^+の濃度は CH_3COOH の濃度の 1 倍，すなわち CH_3COOH と同じ濃度になります。

0.050 mol/L × 1 ＝ 0.050 mol/L

そして，そのうち電離するものの割合が 0.020 なので，水溶液中に存在する$[H^+]$は次のように表すことができます。

$[H^+]$＝ 0.050 mol/L × 0.020 ＝ $\underline{1.0 \times 10^{-3}\ \text{mol/L}}$（pH ＝ 3）

$$1CH_3COOH \overset{\alpha=0.020}{\rightleftarrows} CH_3COO^- + 1H^+$$

0.050 mol/L　　　　0.050 × 1 × 0.020 mol/L

このように，モル濃度 C〔mol/L〕の酸（m 価・電離度 α）の水溶液に含まれる$[H^+]$は次の式で求めることができます。

$$[H^+] = C \times m \times \alpha$$

また，同様に，モル濃度 C〔mol/L〕の塩基（m 価・電離度 α）の水溶液に含まれる$[OH^-]$は次のように表すことができます。

$$[OH^-] = C \times m \times \alpha$$

塩基の水溶液で$[OH^-]$がわかれば，25 ℃において，$[H^+]$と$[OH^-]$の積が $1.0 \times 10^{-14}\ \text{mol}^2/\text{L}^2$ であることを利用して，$[H^+]$を求めることができます。

例 **$[OH^-] = 1.0 \times 10^{-3}$ mol/L の塩基の水溶液の$[H^+]$は？**

➡$[H^+][OH^-] = 1.0 \times 10^{-14}$ mol²/L² より，

$$[H^+] = \frac{1.0 \times 10^{-14}\ \text{mol}^2/\text{L}^2}{[OH^-]}$$
$$= \frac{1.0 \times 10^{-14}\ \text{mol}^2/\text{L}^2}{1.0 \times 10^{-3}\ \text{mol/L}}$$
$$= 1.0 \times 10^{-14-(-3)}\ \text{mol/L}$$
$$= \underline{1.0 \times 10^{-11}\ \text{mol/L}}\ (\text{pH} = 11)$$

p.189の図を
見なくても，
$[OH^-]$からpHを
求めることが
できるよ。

$[H^+]$ ＝ 酸のモル濃度 × 価数 × 電離度
$[OH^-]$ ＝ 塩基のモル濃度 × 価数 × 電離度

③ 酸や塩基の水溶液の希釈

強酸や強塩基の水溶液に水を加えて，希釈(p.158)したときの pH の変化を考えてみましょう。

10 倍に希釈する，すなわち濃度を $\frac{1}{10}$ 倍にすると，pH は 1 変化します。

酸の水溶液を 10 倍に希釈すると，pH は 1 大きく，塩基の水溶液を 10 倍に希釈すると，pH は 1 小さくなります。

ともに，**希釈によって，純水に近づいていくのです**。

$[H^+] = 1.0 \times 10^{-2}$ mol/L　　―10 倍希釈→　　$[H^+] = 1.0 \times 10^{-3}$ mol/L
pH ＝ 2　　　　　　　　　　　　　　　　　　pH ＝ 3

例 **$[H^+] = 1.0 \times 10^{-3}$ mol/L の塩酸を水で 100 倍に希釈したときの pH は？**

希釈前の pH は，$[H^+] = 1.0 \times 10^{-3}$ mol/L より，pH ＝ 3

希釈後，濃度は $\frac{1}{100}$ 倍になります。

$$[H^+] = 1.0 \times 10^{-3} \times \frac{1}{100} = 1.0 \times 10^{-5}\ \text{mol/L} \qquad \text{pH} = \underline{5}$$

よって，希釈前と比べて，pH は 2 増加します。

濃度が 10^2 倍変化したので，pH が 2 変化したのです。

酸・塩基の希釈での注意事項

酸や塩基の水溶液を希釈するとき，希釈すればするほど，純水に近づきます。
すなわち pH ＝ 7 に近づくということです。

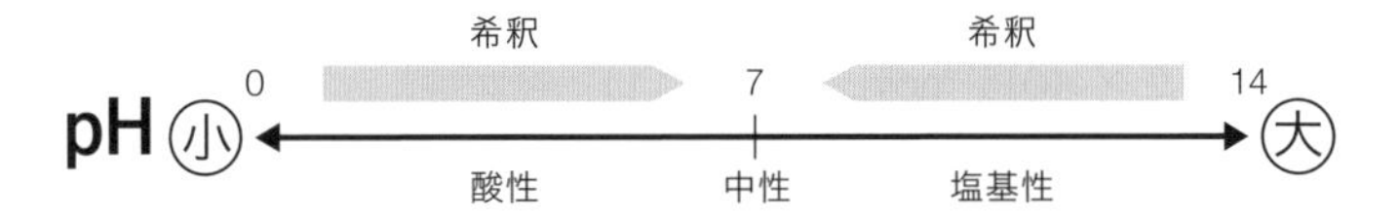

このため，**pH ＝ 7 を超えての変化は起こりません**。
酸の水溶液を希釈すると純水(中性)に近づきますが，塩基性になることはないのです。

例 **$[H^+] = 1.0 \times 10^{-3}$ mol/L の酸の水溶液を 10^6 倍に希釈する**

誤り ➡ $[H^+] = 1.0 \times 10^{-3} \times \frac{1}{10^6} = 1.0 \times 10^{-9}$ mol/L
pH ＝ 9(塩基性)にはなりません。

正しい ➡ $[H^+] = 1.0 \times 10^{-7}$ mol/L
すなわち pH ＝ 7 に限りなく近づきます。

④ pHの測定

水溶液の pH は，pH 試験紙や pH 計を使ってはかります。
また，中和滴定(p.204)のように，pH が変化する実験では**pH 指示薬**を用います。
pH 指示薬は，pH の変化により色が変化する試薬です。
色が変化する pH の範囲は指示薬によって異なり，これを**変色域**といいます。

代表的な pH 指示薬とその変色域を示したので，覚えておきましょう。
フェノールフタレイン(PP)
➡変色域 pH ＝ 8.0 ～ 9.8（**塩基性域**）で，**無色から赤色に変化します**。

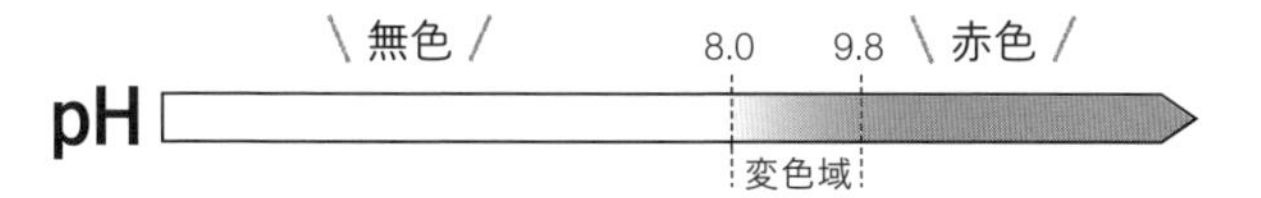

メチルオレンジ(MO)
➡変色域 pH ＝ 3.1 ～ 4.4（**酸性域**）で，**赤色から黄色に変化します**。

身の回りの酸性を示す物質には，どのようなものがあるでしょうか。
例えば，大気中の二酸化炭素 CO_2 は酸の性質をもっています。
雨水には，この CO_2 が溶けているため，pH ＝ 5.6 程度の弱酸性を示します。

しかし，化石燃料の燃焼により生じる硫黄の酸化物(SO_x)や，自動車の排ガスに含まれる窒素の酸化物(NO_x)が雨水に溶けると，強酸の硫酸や硝酸に変化します。
このため，酸性が強くなり，pH が 5.6 よりも小さくなります。

このような雨を**酸性雨**といい，環境問題の 1 つとされています。

酸性雨は，
生態系にも影響
を及ぼすよ。

練習問題

次の問いに答えなさい(すべて25℃とする)。

(1) 0.10 mol/Lの塩酸のpHはいくら?

(2) 0.050 mol/Lの水酸化バリウム水溶液のpHはいくら?

(3) 0.050 mol/Lのアンモニア水(電離度0.020)のpHはいくら?

(4) 0.10 mol/L, pH = 3.0の酢酸水溶液の電離度αはいくら?

$[H^+]$=酸のモル濃度C×価数m×電離度α
$[OH^-]$=塩基のモル濃度C×価数m×電離度α
を使おう!

解き方

(1) 塩酸(**HClaq**)は塩化水素の水溶液でしたね。

塩化水素は**1価の酸であり,強酸なので電離度α≒1**です。

$$[\mathbf{H}^+] = 0.10\,\text{mol/L} \times 1 \times 1$$
$$= 1.0 \times 10^{-1}\,\text{mol/L}$$

よって,pH = **答 1.0**

(2) 水酸化バリウム **$Ba(OH)_2$** は**2価の塩基であり,強塩基なので電離度α≒1**です。

$$[\mathbf{OH}^-] = 0.050\,\text{mol/L} \times 2 \times 1$$
$$= 1.0 \times 10^{-1}\,\text{mol/L}$$

25℃では $[\mathbf{H}^+][\mathbf{OH}^-] = 1.0 \times 10^{-14}\,\text{mol}^2/\text{L}^2$ より,

$$[\mathbf{H}^+] = \frac{1.0 \times 10^{-14}\,\text{mol}^2/\text{L}^2}{1.0 \times 10^{-1}\,\text{mol/L}}$$
$$= 1.0 \times 10^{-13}\,\text{mol/L}$$

よって,pH = **答 13**

(3) アンモニア **NH_3 は 1 価の弱塩基**です。

また，問題文より電離度 $\alpha = 0.020$ なので，

$$[\mathbf{OH^-}] = 0.050\,\text{mol/L} \times 1 \times 0.020$$
$$= 1.0 \times 10^{-3}\,\text{mol/L}$$

25 ℃では $[\mathbf{H^+}][\mathbf{OH^-}] = 1.0 \times 10^{-14}\,\text{mol}^2/\text{L}^2$ より，

$$[\mathbf{H^+}] = \frac{1.0 \times 10^{-14}\,\text{mol}^2/\text{L}^2}{1.0 \times 10^{-3}\,\text{mol/L}}$$
$$= 1.0 \times 10^{-11}\,\text{mol/L}$$

よって，pH ＝ 答 **11**

(4) 酢酸 **CH_3COOH は 1 価の弱酸**です。

pH ＝ 3.0 であることから，$[\mathbf{H^+}] = 1.0 \times 10^{-3}\,\text{mol/L}$ とわかります。

$$[\mathbf{H^+}] = 0.10\,\text{mol/L} \times 1 \times \alpha = 1.0 \times 10^{-3}\,\text{mol/L}$$

よって，α ＝ 答 **0.010**

一問一答で講義の内容を確認しよう

OUTPUT TIME

1	25℃の純水中に含まれる水素イオンのモル濃度はいくら？	1.0×10^{-7} mol/L ➡ p.188
2	酸性の水溶液は水素イオンのモル濃度が 1 より大きい？ それとも小さい？	大きい ➡ p.189
3	水素イオン濃度[H^+]を扱いやすくした数値で，水溶液の酸性・塩基性の強さを表すものを何という？	pH[水素イオン指数] ➡ p.189
4	塩基性の水溶液は純水に比べて，3 が大きい？ それとも小さい？	大きい ➡ p.189
5	[H^+]＝ 1.0×10^{-11} mol/Lの水酸化ナトリウム水溶液の濃度を1000 倍に希釈すると 3 はいくつ変化する？	3（1000倍＝10^3倍より，3 だけ変化する） ➡ p.191
6	フェノールフタレインの変色域は酸性側？ それとも塩基性側？	塩基性側 ➡ p.193
7	代表的な酸性変色域の指示薬には，どんなものがある？	メチルオレンジ ➡ p.193
8	pHが 5.6 より小さい雨を何という？	酸性雨 ➡ p.193

第19講, お疲れちゃん。
pHはスラスラ求められるようになったかな。
手を動かしてしっかり練習しておこう！

第20講 中和反応

1 中和反応

酸と塩基が反応すると，**酸の H^+ と塩基の OH^- から水 H_2O が生成します**。

$$H^+ + OH^- \longrightarrow H_2O$$

これにより，**酸の性質も塩基の性質も打ち消されます**。
このような反応を**中和反応**または**中和**といいます。

例 **塩酸と水酸化ナトリウム水溶液の反応**

$$HCl + NaOH \longrightarrow H_2O + NaCl$$

化学反応式は上のようになりますが，実際には NaCl は水溶液中で Na^+ と Cl^- に電離しています。

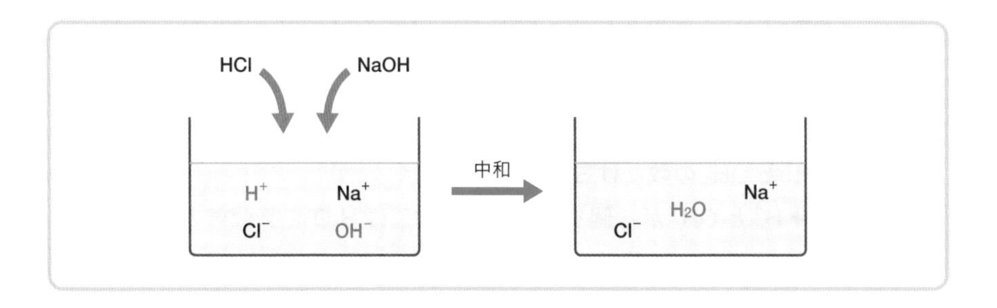

これをイオンを表す化学式で書くと，次のような反応式になります。

$$H^+ + Cl^- + Na^+ + OH^- \longrightarrow H_2O + Na^+ + Cl^-$$

イオン反応式を書くときには，反応前後で変化していないイオン(Na^+ と Cl^-)は省略するため，次のようになります。

$$H^+ + OH^- \longrightarrow H_2O$$

第5章 酸と塩基の反応

また，次のように**H_2O が生成しない中和もある**ので覚えておきましょう。
このような場合は，ブレンステッド・ローリーの定義(p.182)で考えます。

H^+を与えるから酸

$$HCl + NH_3 \longrightarrow NH_4Cl$$

H^+を受け取るから塩基

中和反応の化学反応式を作るときのポイントを，具体的な例で確認していきましょう。

中和反応の化学反応式の作り方

例 **硫酸と水酸化ナトリウム水溶液の中和反応**

❶ 反応物の化学式を書く

$$H_2SO_4 + NaOH$$

❷ H^+と OH^-の数を合わせるように係数を決める

➡ H^+が 2 個あるので，OH^-も 2 個にするため，NaOH の係数を 2 にします。

$$H_2SO_4 + 2NaOH$$

❸ H^+と OH^-の数だけ右辺に H_2O を書く

➡ H^+と OH^-が 2 個ずつなので，右辺に H_2O を 2 個書きます。

$$H_2SO_4 + 2NaOH \longrightarrow 2H_2O$$

❹ 左辺の残りのイオン(H^+と OH^-以外)を合わせて右辺に書く

➡ SO_4^{2-} 1 個と Na^+ 2 個を合わせて，Na_2SO_4 にします。

$$H_2SO_4 + 2NaOH \longrightarrow 2H_2O + Na_2SO_4$$

これで中和反応の化学反応式のでき上がりです。

次の例で，化学反応式を書く練習をしてみましょう。

例　塩酸と水酸化バリウム水溶液の中和反応

❶ 反応物の化学式を書く

$HCl + Ba(OH)_2$

❷ H^+と OH^-の数を合わせるように係数を決める

$2HCl + Ba(OH)_2$

❸ H^+と OH^-の数だけ右辺に H_2O を書く

$2HCl + Ba(OH)_2 \longrightarrow 2H_2O$

❹ 左辺の残りのイオン(H^+と OH^-以外)を合わせて右辺に書く

$2HCl + Ba(OH)_2 \longrightarrow 2H_2O + BaCl_2$

例　酢酸と水酸化ナトリウム水溶液の中和反応

❶ 反応物の化学式を書く

$CH_3COOH + NaOH$

❷ H^+と OH^-の数を合わせるように係数を決める

$CH_3COOH + NaOH$

❸ H^+と OH^-の数だけ右辺に H_2O を書く

$CH_3COOH + NaOH \longrightarrow H_2O$

❹ 左辺の残りのイオン(H^+と OH^-以外)を合わせて右辺に書く

$CH_3COOH + NaOH \longrightarrow H_2O + CH_3COONa$

POINT!

中和反応の化学反応式を作るときには，
H^+と OH^-の数を合わせるように
反応物の係数を決める。

2 中和点と量的関係

酸と塩基が，**過不足なく反応する**点を**中和点**といいます。
中和反応の反応式（$1H^+ + 1OH^- \longrightarrow H_2O$）から，中和点での量的関係は次のように表すことができます。

$$H^+の物質量〔mol〕= OH^-の物質量〔mol〕$$

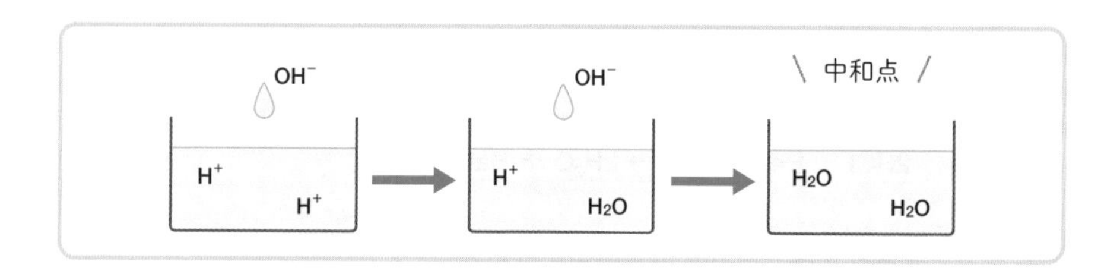

それでは，H^+の物質量〔mol〕とOH^-の物質量〔mol〕は，それぞれどのようにして求めるのかを考えてみましょう。

例えば，硫酸 H_2SO_4 が 0.10 mol あるとき，含まれる H^+は何 mol でしょうか。
H_2SO_4 は 2 価の酸なので，含まれている H^+ の物質量〔mol〕は H_2SO_4 の物質量〔mol〕の 2 倍になります。
よって，

0.10 mol × 2 ＝ 0.20 mol

このように，H^+の物質量〔mol〕は**「酸の物質量〔mol〕×酸の価数」**で求められます。
同様に，OH^-の物質量〔mol〕は**「塩基の物質量〔mol〕×塩基の価数」**となります。

以上より，中和点における量的関係は次のような式で表すことができます。

酸の物質量〔mol〕×酸の価数 ＝ 塩基の物質量〔mol〕×塩基の価数

中和点での量的関係を考えるときには，**問題中に与えられている酸や塩基のデータを物質量〔mol〕に変えて，価数をかけて等式にしましょう**。

中和点では，
H^+の物質量〔mol〕＝ OH^-の物質量〔mol〕
が成り立つ。

実際の入試問題では，酸や塩基のデータは，モル濃度と体積で与えられることが多いです。
モル濃度 C〔mol/L〕の酸（a 価）V〔L〕と，モル濃度 C'〔mol/L〕の塩基（b 価）V'〔L〕の中和の量的関係を表す式は，次のようになります。

$$\underbrace{C\text{〔mol/L〕} \times V\text{〔L〕}}_{\text{酸の物質量〔mol〕}} \times \underbrace{a}_{\text{価数}} = \underbrace{C'\text{〔mol/L〕} \times V'\text{〔L〕}}_{\text{塩基の物質量〔mol〕}} \times \underbrace{b}_{\text{価数}}$$

例 **0.050 mol/L のシュウ酸水溶液 10.0 mL を濃度不明の水酸化ナトリウム水溶液で滴定したところ，5.0 mL が必要でした。水酸化ナトリウム水溶液のモル濃度は何 mol/L？**

➡シュウ酸 $(COOH)_2$ は 2 価の酸，水酸化ナトリウム **NaOH** は 1 価の塩基です。

NaOH 水溶液の濃度を x〔mol/L〕とすると，中和点での量的関係より，次のような式が成り立ちます。

$$\underbrace{0.050\,\text{mol/L} \times \frac{10.0}{1000}\,\text{L}}_{(COOH)_2\text{ の物質量〔mol〕}} \times \underbrace{2}_{\text{価数}} = \underbrace{x\text{〔mol/L〕} \times \frac{5.0}{1000}\,\text{L}}_{\text{NaOH の物質量〔mol〕}} \times \underbrace{1}_{\text{価数}}$$

x ＝ 0.20 mol/L

求める値をxとおいて，公式にあてはめてみよう。

例 **気体のアンモニアを 0.10 mol/L の硫酸 100 mL に吸収させたあと，0.15 mol/L の水酸化ナトリウム水溶液を滴下して，残った硫酸を中和したところ，20 mL が必要でした。はじめに吸収させた気体のアンモニアの物質量は何 mol？**

➡中和滴定に使用した酸は，硫酸 H_2SO_4(2 価)のみであるのに対して，塩基は，アンモニア NH_3(1 価)と水酸化ナトリウム NaOH(1 価)の **2 種類を使用しています**。

よって，中和点での酸と塩基の量的関係は，次のようになっています。

NH_3 (1価) x〔mol〕

NaOH (1価) 0.15 mol/L，20 mL

H_2SO_4 (2価) 0.10 mol/L，100 mL

NH_3 の物質量を x〔mol〕とすると，次のような式が成り立ちます。

$$\underbrace{0.10\,\text{mol/L} \times \frac{100}{1000}\,\text{L}}_{H_2SO_4\text{ の物質量〔mol〕}} \times \underbrace{2}_{\text{価数}} = \underbrace{x\,\text{〔mol〕}}_{NH_3\text{ の物質量〔mol〕}} \times \underbrace{1}_{\text{価数}} + \underbrace{0.15\,\text{mol/L} \times \frac{20}{1000}\,\text{L}}_{\text{NaOH の物質量〔mol〕}} \times \underbrace{1}_{\text{価数}}$$

$x = \underline{1.7 \times 10^{-2}\ \text{mol}}$

練習問題

次の問いに，有効数字 2 桁で答えなさい。

濃度不明の硫酸を 10.0 mL はかり取り，純水を加えて 100 mL にした。希釈後の硫酸 10.0 mL を 0.100 mol/L の水酸化ナトリウム水溶液で滴定したところ，20.0 mL が必要であった。希釈前の硫酸の濃度は何 mol/L?

溶液を x 倍に希釈 ➡ 濃度は $\frac{1}{x}$ 倍！
中和点では，
酸の物質量×価数＝塩基の物質量×価数
を使おう！

解き方

最初の硫酸の濃度を x〔mol/L〕とおきます。
濃度不明の硫酸 10.0 mL に純水を加えて体積を 100 mL にしたため，体積を10 倍にしていますね。
すなわち，**10 倍に希釈したことになります**。
よって，希釈後の濃度は希釈前の $\frac{1}{10}$ 倍になるため，$\frac{x}{10}$〔mol/L〕と表せます。

$\frac{x}{10}$〔mol/L〕の硫酸 10.0 mL を中和するために，0.100 mol/L の水酸化ナトリウム水溶液 20.0 mL が必要であったことから，中和点での量的関係より，次の式が成り立ちます。

$$\underbrace{\frac{x}{10}\text{〔mol/L〕} \times \frac{10.0}{1000}\text{L}}_{H_2SO_4\text{の物質量〔mol〕}} \times \underbrace{2}_{\text{価数}} = \underbrace{0.100\,\text{mol/L} \times \frac{20.0}{1000}\text{L}}_{NaOH\text{の物質量〔mol〕}} \times \underbrace{1}_{\text{価数}}$$

$x =$ 答 **1.0 mol/L**

3 中和滴定

濃度が正確にわかっている水溶液(**標準液**)で，濃度のわからない酸や塩基を中和し，中和点での量的関係から未知の濃度を決定する操作を**中和滴定**(ちゅうわてきてい)といいます。

1 実験器具

中和滴定で使用する実験器具には，以下のようなものがあります。

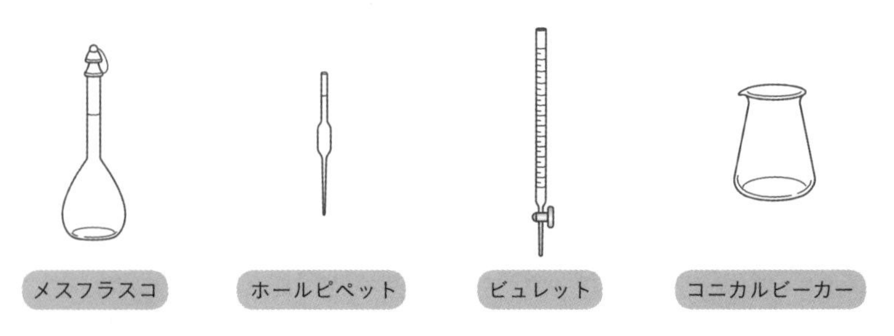

器具	用途	使用前の洗い方
メスフラスコ	正確な濃度の溶液を調製する	純水で洗い，ぬれたまま使用
ホールピペット	正確な体積の溶液をはかり取る	純水で洗い，共洗い(使用する溶液ですすぐ)してから使用
ビュレット	溶液を滴下し，その体積を読む	純水で洗い，共洗い(使用する溶液ですすぐ)してから使用
コニカルビーカー	酸と塩基を反応させる	純水で洗い，ぬれたまま使用

いずれの器具も使用する前は純水で洗います。

その後，次のA，Bのどちらかに分かれるので，覚えておきましょう。

A：**純水でぬれたまま使用するもの**

メスフラスコ ➡ 希釈するときに純水を加えるため。

コニカルビーカー ➡ 純水でぬれていても，ホールピペットではかり取った溶液に含まれる溶質の物質量は変わらないため。

B：**共洗いしてから使用するもの**

ホールピペット，ビュレット

➡ 純水でぬれていると溶液の濃度が変化し，はかり取った(読み取った)体積に含まれる溶質の物質量が不明になるため。

❷ 滴定操作

中和滴定の前に，まずメスフラスコを使って，正確な濃度の標準液を調製(p.163)します。
標準液として使用するのは，**濃度が変化しにくい安定した溶液**です。
中和滴定では，シュウ酸$(COOH)_2$水溶液がよく使われます。

標準液が準備できたら，以下のような手順で中和滴定を行います。

中和滴定操作

例　濃度が不明の水酸化ナトリウム水溶液とシュウ酸の中和滴定

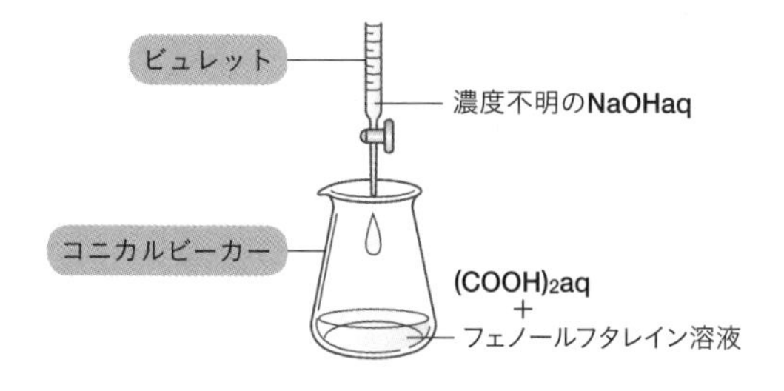

❶ 調製したシュウ酸水溶液(標準液)をホールピペットで正確にはかり取ります。
❷ コニカルビーカーに入れ，フェノールフタレイン溶液(適切な指示薬)を加えます。
❸ 濃度が不明の水酸化ナトリウム水溶液をビュレットに入れ，コニカルビーカーに滴下します。
❹ 中和点(指示薬の色が変化する点)までの滴下量を読み取ります。
❺ 読み取った水酸化ナトリウム水溶液の滴下量を利用して，中和点での量的関係から，水酸化ナトリウム水溶液の濃度を計算します。

ビュレットの目盛りの読み取り方

・開始点と終点を読み取り，その差を滴下量とします。（ビュレットの開始点は0でなくても構いません。）

・1目盛りの $\frac{1}{10}$ まで，目分量で読み取ります。

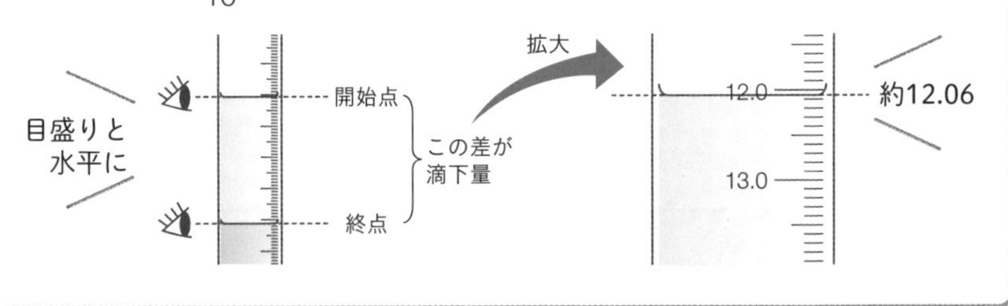

中和滴定では，**純水でぬれたまま**使用してよい器具と**共洗いしてから**使用する器具を区別しよう。
中和滴定の手順をしっかり頭に入れておこう。

3 滴定曲線

中和滴定を行ったとき，滴下した水溶液の体積と，コニカルビーカー内の溶液のpHの変化をグラフにしたものを，滴定曲線といいます。
滴定曲線でpHが大きく変化している点が中和点です。
滴定に使用する酸と塩基の強弱によって，中和点は異なるpHを示します。

コニカルビーカーに酸の水溶液をとり，ビュレットから塩基の水溶液を滴下する中和滴定で確認していきましょう。
使用するpH指示薬は，**変色域が中和点でのpH変化の範囲に入っているもの**を選びます。

❶ 強酸 ＋ 強塩基

滴定前　：pH ＝ 1 ～ 2

中和点　：**pH ＝ 7（中性）**

中和点後：pH ＝ 12 ～ 13 に近づく

指示薬　：フェノールフタレイン　○

　　　　　　メチルオレンジ　○

▶強酸と強塩基の滴定曲線

pH 13 11 9 7 5 3 1 0

赤 無 黄 赤

フェノールフタレイン

メチルオレンジ

中和点

強塩基の滴下量〔mL〕

❷ 強酸 ＋ 弱塩基

滴定前　：pH ＝ 1 ～ 2

中和点　：**pH ＝ 7 より小さい（酸性）**

中和点後：pH ＝ 10 ～ 11 に近づく

指示薬　：フェノールフタレイン　×

　　　　　　メチルオレンジ　○

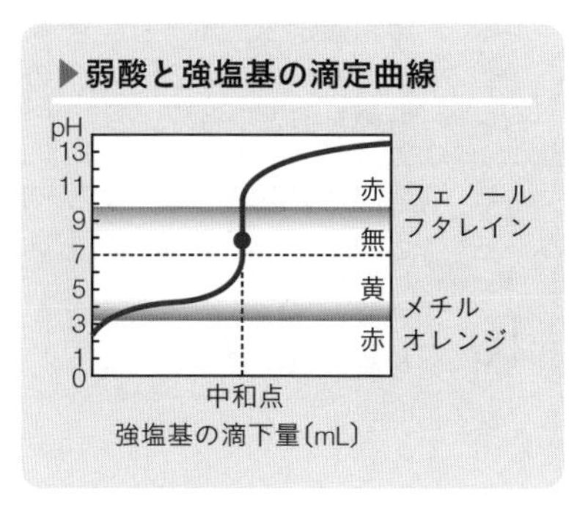

❸ 弱酸 ＋ 強塩基

滴定前　：pH ＝約 3

中和点　：**pH ＝ 7 より大きい（塩基性）**

中和点後：pH ＝ 12 ～ 13 に近づく

指示薬　：フェノールフタレイン　○

　　　　　　メチルオレンジ　×

▶弱酸と強塩基の滴定曲線

pH 13 11 9 7 5 3 1 0

赤 無 黄 赤

フェノールフタレイン

メチルオレンジ

中和点

強塩基の滴下量〔mL〕

一問一答で講義の内容を確認しよう

OUTPUT TIME

1	中和滴定で使用する，正確な濃度の溶液を調製するための実験器具を何という？	メスフラスコ ➡ p.204
2	1 は純水でぬれたまま使う？ それとも共洗いする？	純水でぬれたまま使用 ➡ p.204
3	中和滴定で使用する，溶液を滴下してその体積を読み取るための実験器具を何という？	ビュレット ➡ p.204
4	3 は純水でぬれたまま使う？ それとも共洗いする？	共洗い ➡ p.204
5	中和滴定で 3 を使うときは，1目盛りの何分の 1 まで読む？	10分の 1 ➡ p.206
6	中和滴定で使用する，溶液の正確な体積をはかり取るための実験器具を何という？	ホールピペット ➡ p.204
7	6 は純水でぬれたまま使う？ それとも共洗いする？	共洗い ➡ p.204
8	中和滴定で，滴下した水溶液の体積と，コニカルビーカーの中の溶液のpHの変化をグラフにしたものを何という？	滴定曲線 ➡ p.206
9	強酸に弱塩基を滴下するとき，適切な指示薬はメチルオレンジ？ それともフェノールフタレイン？	メチルオレンジ ➡ p.207
10	強酸と弱塩基の中和滴定で，指示薬 9 の色は何色から何色に変わる？	赤色から黄色 ➡ p.207

第20講，お疲れちゃん。
中和点での量的関係の式は
作れるようになったかな。
苦手な人は濃度計算をもう一度
見直しておこうね。

第21講 塩

1 塩の分類

一般に，中和反応が起こると，水とそれ以外の物質が生じます。

\ 酸 /		\ 塩基 /		\ 水 /		\ 塩 /
HCl	＋	$NaOH$	⟶	H_2O	＋	$NaCl$

このように，酸から生じる陰イオンと，塩基から生じる陽イオンからなるイオン結合の物質を，塩(えん)（錯イオンを含むときには錯塩(さくえん)）といいます。
塩はイオン結合の物質なので，基本的に水に溶けて電離します。
例外として，沈殿するものに塩化銀 AgCl などがあります。

塩は，次のように 3 つに分類されます。

❶ 酸性塩(さんせいえん)：**酸の H が残っている塩**

例 **炭酸水素ナトリウム $NaHCO_3$，硫酸水素ナトリウム $NaHSO_4$**

❷ 塩基性塩(えんきせいえん)：**塩基の OH が残っている塩**

例 **塩化水酸化銅(Ⅱ) CuCl(OH)，塩化水酸化マグネシウム MgCl(OH)**

❸ 正塩(せいえん)：**酸の H も塩基の OH も残っていない塩**

例 **塩化ナトリウム NaCl，塩化アンモニウム NH_4Cl**
➡NH_4Cl は化学式の中に H がありますが，酸由来の H（H^+になる H）ではありません。電離の式を書いてみるとわかりますね。

$$NH_4Cl \longrightarrow NH_4^+ + Cl^-$$

塩の分類は化学式から分類しているだけで，**実際に何性を示すかは一切関係ありません**。
酸性塩でも，水に溶けて酸性になるわけではないのです。
気をつけましょうね。

塩は，**酸性塩・塩基性塩・正塩**の3つに分類できる。
化学式を見て判断しよう。

2 正塩の液性

それでは，**正塩が水に溶けたとき，何性を示すのか**（液性）を判断する方法を確認していきましょう。

酸 HX と塩基 YOH の中和反応は，次のように書くことができます。

$$\underset{\text{酸}}{HX} + \underset{\text{塩基}}{YOH} \longrightarrow \underset{\text{水}}{H_2O} + \underset{\text{塩}}{YX}$$

このとき生じる正塩 YX で，塩の液性を確認していきます。
正塩 YX の液性は，塩を作るもとになった酸 HX と塩基 YOH の強弱から，次のように決まります。

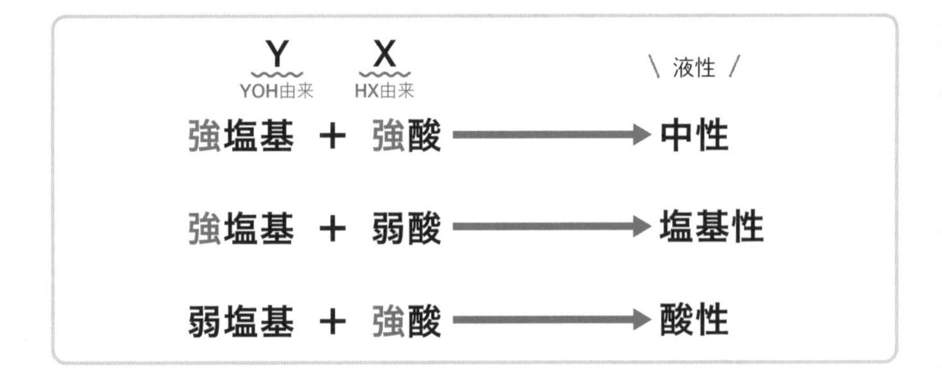

例 **塩化ナトリウム NaCl**

Na^+ ➡ OH^-をつけると NaOH（強塩基）

Cl^- ➡ H^+をつけると HCl（強酸）

強塩基と強酸からできている正塩なので，中性。

例 **酢酸ナトリウム CH_3COONa**

Na^+ ➡ OH^-をつけると NaOH（強塩基）

CH_3COO^- ➡ H^+をつけると CH_3COOH（弱酸）

強塩基と弱酸からできている正塩なので，塩基性。

例 **塩化アンモニウム NH_4Cl**

NH_4^+ ➡ OH^-をつけると NH_3（弱塩基）＋ H_2O

Cl^- ➡ H^+をつけると HCl（強酸）

弱塩基と強酸からできている正塩なので，酸性。

また，酸性塩の液性は判断するのが難しいので，**硫酸水素ナトリウム $NaHSO_4$ は酸性**，**炭酸水素ナトリウム $NaHCO_3$ は塩基性**の２つだけ覚えておきましょう。

正塩の液性は，
塩を作る酸・塩基の強弱で決まる。

3 弱酸・弱塩基の遊離

弱酸や弱塩基は，電離度が小さく，電離しにくいという性質がありました(p.186)。「電離しにくい」というのは「くっつきやすい」ということです。

$$HX \rightleftarrows H^+ + X^-$$

弱酸　／くっつきやすい＼　弱酸由来のイオン

$$YOH \rightleftarrows Y^+ + OH^-$$

弱塩基　／くっつきやすい＼　弱塩基由来のイオン

弱酸・弱塩基の性質を頭に入れて，弱酸からなる塩，弱塩基からなる塩の反応を見ていきましょう。

弱酸からなる塩は，水中で電離して弱酸由来のイオンを生じます。
例えば，酢酸ナトリウム CH_3COONa は，電離して酢酸イオン CH_3COO^- を生じます。

$$CH_3COONa \longrightarrow CH_3COO^- + Na^+$$

CH_3COOH（弱酸）由来のイオン

ここに，塩酸 HCl のような強酸を加えると，弱酸由来のイオンと強酸から電離した H^+ がくっつき，弱酸 CH_3COOH ができます。
弱酸は，くっつきやすいんです。

＼電離／

$$HCl \longrightarrow H^+ + Cl^-$$

＼くっつく／

$$CH_3COO^- + H^+ \longrightarrow CH_3COOH$$

このように，**弱酸からなる塩と強酸を混ぜ合わせると，弱酸が生じます**。
これを**弱酸の遊離**（ゆうり）といいます。

$$YX + HA \longrightarrow HX + YA$$

弱酸からなる塩　強酸　弱酸　強酸の塩

同様に，**弱塩基からなる塩と強塩基を混ぜ合わせると，弱塩基が生じます**。
これを**弱塩基の遊離**といいます。

$$YX + BOH \longrightarrow YOH + BX$$

弱塩基からなる塩　強塩基　弱塩基　強塩基の塩

例 **塩化アンモニウム NH_4Cl と水酸化ナトリウム NaOH**
➡弱塩基からなる塩 NH_4Cl と強塩基 NaOH から弱塩基 NH_3 が遊離します。

$$NH_4Cl + NaOH \longrightarrow NH_3 + H_2O + NaCl$$

一問一答で講義の内容を確認しよう

OUTPUT TIME

1	KClは塩の分類だと何塩？	正塩	➡ p.209
2	1の塩の液性は？	中性（強塩基＋強酸の正塩）	➡ p.210
3	Na_2CO_3は塩の分類だと何塩？	正塩	➡ p.209
4	3の塩の液性は？	塩基性（強塩基＋弱酸の正塩）	➡ p.210
5	$NaHSO_4$は塩の分類だと何塩？	酸性塩（酸のHが残っているから酸性塩）	➡ p.209
6	5の塩の液性は？	酸性	➡ p.211
7	弱酸からなる塩と強酸を混ぜると，強酸の塩と何が生じる？	弱酸	➡ p.212
8	7の反応を何という？	弱酸の遊離	➡ p.212
9	次の中で8が起こる組み合わせはどれ？ $NaCl + H_2SO_4$　$NaHCO_3 + HCl$ $NH_4Cl + H_2SO_4$　$CH_3COONa + KOH$	$NaHCO_3$＋HCl（弱酸の炭酸H_2CO_3ができる）	➡ p.212

第21講，お疲れちゃん。
酸と塩基が終わったよ！
塩の分類と液性はスラスラ答えられるかな。
酸や塩基の強弱に戻って確認しておこうね。

第5章 章末チェック問題

【問1】

ブレンステッド・ローリーの定義では，酸とは水素イオンを相手に与える物質をいい，塩基とは水素イオンを受け取る物質をいう。この定義に従ったとき，次の物質①～④で，酸にも塩基にもなりうるものはどれか。すべて選べ。

① H_2S　② H_2O　③ HCO_3^-　④ NH_4^+

【問2】

5.0×10^{-2} mol/L の水酸化バリウム水溶液の pH はいくらか。最も近い値を次の①～⑤のうちから1つ選べ。ただし，温度は 25℃，溶液中の水酸化バリウムは完全に電離しているものとする。

① 9　② 10　③ 11　④ 12　⑤ 13

【問3】

次の文章を読み，a，b に答えよ。ただし，原子量は H＝1.0，C＝12，N＝14，O＝16，Na＝23，S＝32 とする。

密度 0.90g/mL である市販の濃アンモニア水 10.0mL を 1L のメスフラスコの中に入れ，全体の体積が 1L になるまで純水を加えた。このうすいアンモニア水 20.0mL を 0.10mol/L の希硫酸で滴定したところ，中和点に達するまでに 15.0mL を要した。

a うすいアンモニア水のモル濃度〔mol/L〕として最も近い値はどれか。次の①～⑥のうちから1つ選べ。

① 0.050　② 0.10　③ 0.15　④ 0.20　⑤ 0.25　⑥ 0.50

b 市販の濃アンモニア水の質量パーセント濃度〔%〕として最も近い値はどれか。次の①～⑥のうちから１つ選べ。

① 2.8　② 5.7　③ 14　④ 20　⑤ 28　⑥ 57

【問４】

次の塩①～⑥の中で，下の記述ア，イにあてはまるものを，それぞれすべて選べ。

① CH_3COONa　② KCl　③ Na_2CO_3
④ NH_4Cl　⑤ $CaCl_2$　⑥ $(NH_4)_2SO_4$

ア 水に溶かしたとき，水溶液が酸性を示すもの
イ 水に溶かしたとき，水溶液が塩基性を示すもの

【問５】

0.10mol/L の塩酸 10mL をコニカルビーカーにとり，0.10mol/L の水酸化ナトリウム水溶液で滴定した。このとき，コニカルビーカー内に含まれるイオン(a・b)の変化を表すグラフの概略として，最も適当なものを次の①～⑥からそれぞれ１つずつ選べ。

a 塩化物イオン
b 水酸化物イオン

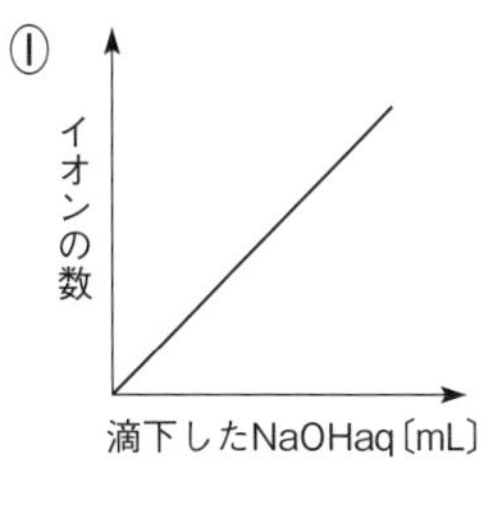

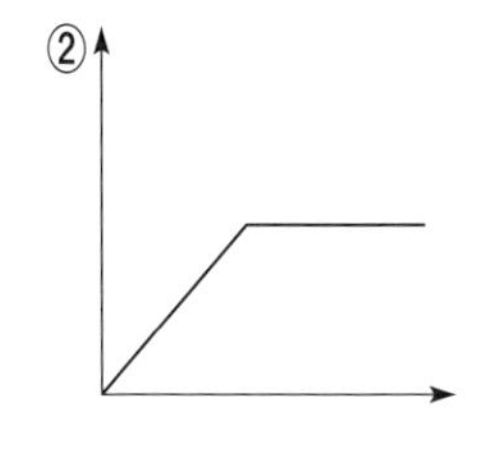

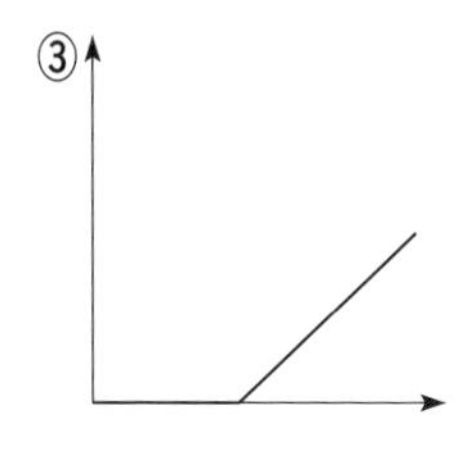

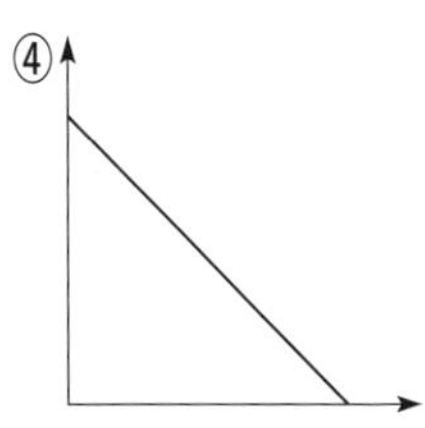

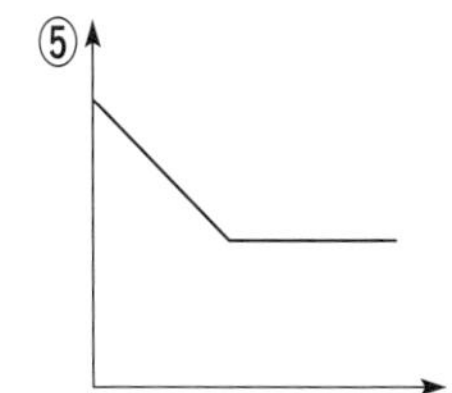

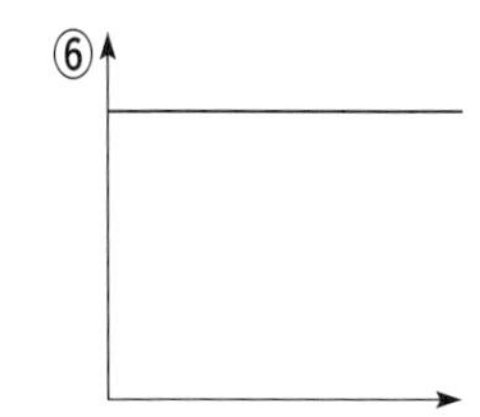

解　答

【問1】②，③

【問2】⑤

【問3】a ③　b ⑤

【問4】ア ④，⑥　イ ①，③

【問5】a ⑥　b ③

解き方

【問1】

それぞれの選択肢を確認していきましょう。

① 硫化水素 H_2S は，水素イオン H^+ を与えて **HS^- や S^{2-} になることができる**ため，酸としてはたらくことができます。
しかし，H^+ を受け取ることはできないため，塩基になることはできません。

② 水 H_2O は，H^+ を与えて **OH^- になることができる**ため，酸としてはたらくことができます。
また，H^+ を受け取って **H_3O^+ になることもできる**ため，塩基としてはたらくこともできます。

③ 炭酸水素イオン HCO_3^- は，H^+ を与えて **CO_3^{2-} になることができる**ため，酸としてはたらくことができます。
また，H^+ を受け取って **H_2CO_3 になることもできる**ため，塩基としてはたらくこともできます。

④ アンモニウムイオン NH_4^+ は，H^+ を与えて **NH_3 になることができる**ため，酸としてはたらくことができます。
しかし，H^+ を受け取ることはできないため，塩基になることはできません。

以上より，答 ②，③が解答となります。

【問2】

水酸化バリウム $Ba(OH)_2$ は2価の強塩基であるため，水溶液中で生じる水酸化物イオン OH^- のモル濃度は次のようになります。

$$[OH^-] = 5.0 \times 10^{-2} \times 2 \times 1 = 1.0 \times 10^{-1}\,mol/L$$

水のイオン積（p.188）$[H^+][OH^-] = 1.0 \times 10^{-14}\,mol^2/L^2$ より，

$$[H^+] = \frac{1.0 \times 10^{-14}\,mol^2/L^2}{1.0 \times 10^{-1}\,mol/L} = 1.0 \times 10^{-13}\,mol/L$$

よって，pH ＝ 13 。

以上より，**答** ⑤が解答となります。

［H^+］の求め方は，p.190，191 で確認しておきましょう。

【問3】

濃アンモニア水（密度 0.90 g/mL）10.0 mL に純水を加えて 1 L にしているため，体積が 100 倍，すなわち **100 倍に希釈したことになります**。

このうすいアンモニア水を中和滴定に使ったことになります。

a **アンモニアは 1 価の塩基，硫酸は 2 価の酸であるため**，中和点での量的関係は次のように表すことができます（p.201）。

うすいアンモニア水のモル濃度を x〔mol/L〕とすると，

$$x\,\text{[mol/L]} \times \frac{20.0}{1000}\,L \times 1 = 0.10\,mol/L \times \frac{15.0}{1000}\,L \times 2$$

$$x = 0.15\,mol/L$$

以上より，**答** ③が解答となります。

b 希釈前の濃アンモニア水の濃度は，うすいアンモニア水の 100 倍であるため，

$$0.15 \times 100 = 15\,mol/L$$

これを質量パーセント濃度に変換します。

$$\frac{\text{溶質 } 15\,mol}{\text{溶液 } 1\,L\ (1000\,mL)} \Rightarrow \frac{\text{溶質[g]}}{\text{溶液[g]}}$$

溶質の質量は，アンモニア NH_3 の分子量 17 より，

$$15\,mol \times 17\,g/mol = 255\,g$$

溶液の質量は，密度0.90g/mLより，

$$1000\,mL \times 0.90\,g/mL = 900\,g$$

よって，

$$\frac{255\,g}{900\,g} \times 100 = 28.3 \fallingdotseq \underline{28}\,\%$$

以上より，**答** ⑤が解答となります。

【問4】

それぞれの選択肢の液性を確認してみましょう。

① **酢酸ナトリウム CH_3COONa**

酢酸 CH_3COOH（**弱酸**）と水酸化ナトリウム NaOH（**強塩基**）からなる正塩であるため，水溶液は塩基性です。

② **塩化カリウム KCl**

水酸化カリウム KOH（**強塩基**）と塩酸 HCl（**強酸**）からなる正塩であるため，水溶液は中性です。

③ **炭酸ナトリウム Na_2CO_3**

水酸化ナトリウム NaOH（**強塩基**）と炭酸 H_2CO_3（**弱酸**）からなる正塩であるため，水溶液は塩基性です。

④ **塩化アンモニウム NH_4Cl**

アンモニア NH_3（**弱塩基**）と塩酸 HCl（**強酸**）からなる正塩であるため，水溶液は酸性です。

⑤ **塩化カルシウム $CaCl_2$**

水酸化カルシウム $Ca(OH)_2$（**強塩基**）と塩酸 HCl（**強酸**）からなる正塩であるため，水溶液は中性です。

⑥ **硫酸アンモニウム $(NH_4)_2SO_4$**

アンモニア NH_3（**弱塩基**）と硫酸 H_2SO_4（**強酸**）からなる正塩であるため，水溶液は酸性です。

以上より，解答は次のようになります。

ア 水溶液が酸性を示すもの　➡　**答** ④，⑥

イ 水溶液が塩基性を示すもの　➡　**答** ①，③

塩の液性は，**塩を作るもとになった酸と塩基の強弱**で決まります（p.210）。

【問5】

滴定前から滴定後のコニカルビーカー内のイオンを模式的に表してみましょう。

滴定前…塩酸 HCl は強酸なので，完全に電離し，水素イオンと塩化物イオンが存在しています。

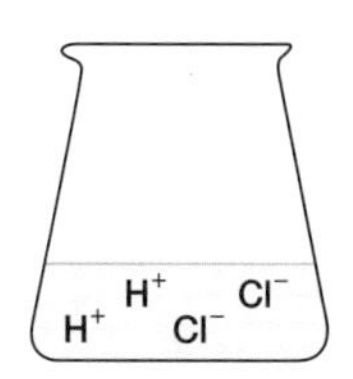

中和点前…水素イオンがまだ残っており，加えた分だけナトリウムイオンが増加します。

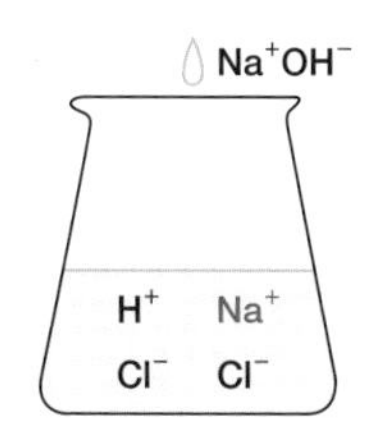

中和点…水素イオンがすべて反応し，無くなります。塩化物イオンと同じ数のナトリウムイオンが存在します。

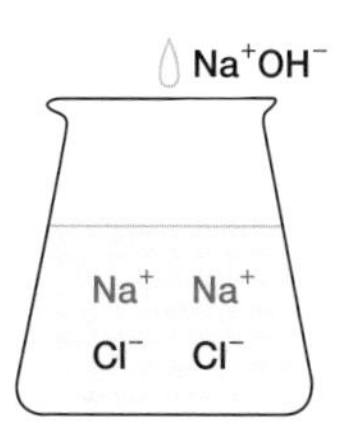

中和点後…加えた分だけ，ナトリウムイオンと水酸化物イオンが増加します。

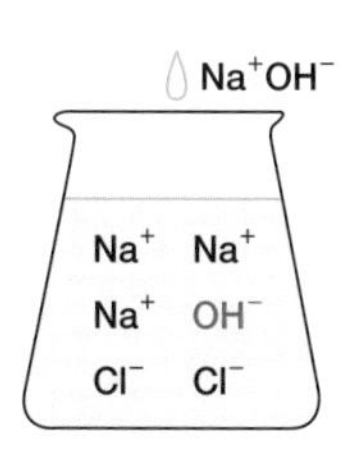

a 塩化物イオンの数は滴定前からずっと変化しません。よって，答 ⑥が解答となります。

b 水酸化物イオンは中和点を過ぎてから存在し，その後，増加します。よって，答 ③が解答となります。

次が最後の章だよ！
あと少し，頑張ろう！

酸化還元反応

Oxidation–reduction reaction

INTRODUCTION
これから学ぶこと

坂田先生

拓海くん，葵さん，**酸化還元反応**ってどんな反応かイメージできる？

葵

なんとなく……。**酸素と反応**したら酸化でしょ？

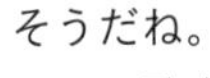
坂田先生

そうだね。
でも，酸素が関与しない酸化還元もあるんだよ。

拓海

あぁー。そういうの聞くと難しそうでイヤだなぁ。
いろんな酸化還元を覚えるの？

坂田先生

ううん。1種類しかないよ。
「**電子が移動する反応**」が酸化還元なんだよ。

拓海

え。1種類？　電子が移動する反応だけ？

坂田先生

そう。でも，化学反応式上では電子が見えないから，
化学の知識で見ていくんだよ。

葵

知識があれば，移動する電子が見えるようになるの？

坂田先生

うん。見えるようになるよ。
少しずつ知識を増やしていこうね。
金属がさびることや，**電池**で起こっていることも身の回りの酸化還元だよ。

拓海

電池はよく使うものだから興味あるなぁ。
電子の移動が見えるように，頑張ってみるよ。

第22講 酸化と還元

1 酸化と還元

物質が電子 e^- を失うことを**酸化**，電子 e^- を得ることを**還元**といいます。
またこのとき，電子 e^- を失った物質は「**酸化された**」，電子 e^- を得た物質は「**還元された**」といいます。

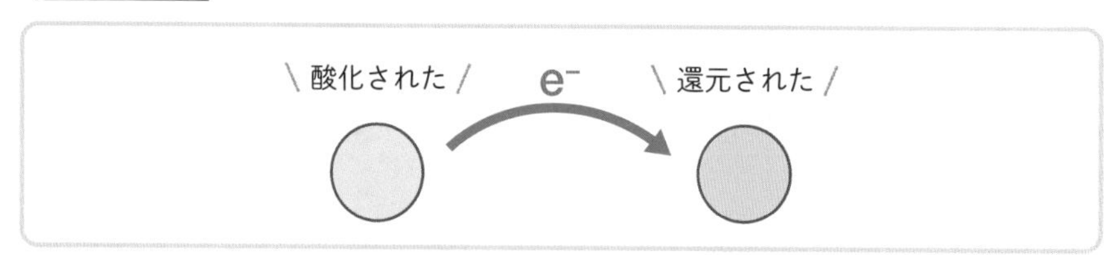

これとは別に，『**酸素原子 O を得ると酸化・失うと還元**』，『**水素原子 H を失うと酸化・得ると還元**』という考え方もありますが，これらは**すべて電子 e^- の移動で説明できます**。

❶ 酸素原子 O を得る反応

ある原子 X が酸素原子 O と結合するとしましょう。
O 原子は電気陰性度(p.95)が大きいため，**共有電子対は O 原子の方に引き寄せられます**。

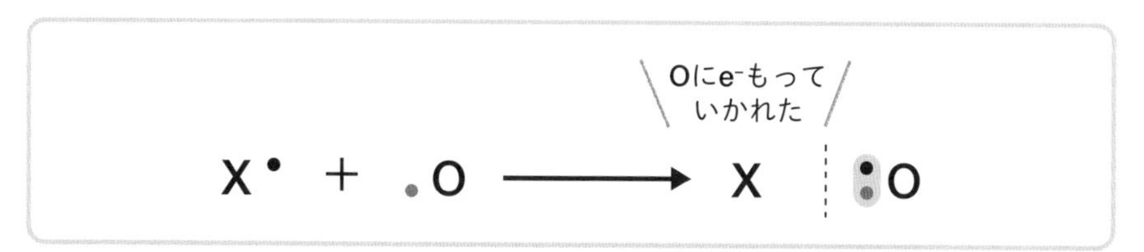

よって，原子 X は O 原子に電子 e^- を奪われたことになるので，

「**酸素原子 O と結合する(得る)** ＝ 電子 e^- を失う ＝ **酸化された**」

と考えることができます。

❷水素原子 H を失う反応

ある原子 X が，水素原子 H と結合しているとしましょう。

H 原子は，非金属の中では電気陰性度が小さいため，**共有電子対は原子 X の方に引き寄せられています**。

そして，H 原子が離れるときに自分の電子 e^- をもっていってしまうため，原子 X は電子 e^- を失ったことになるのです。

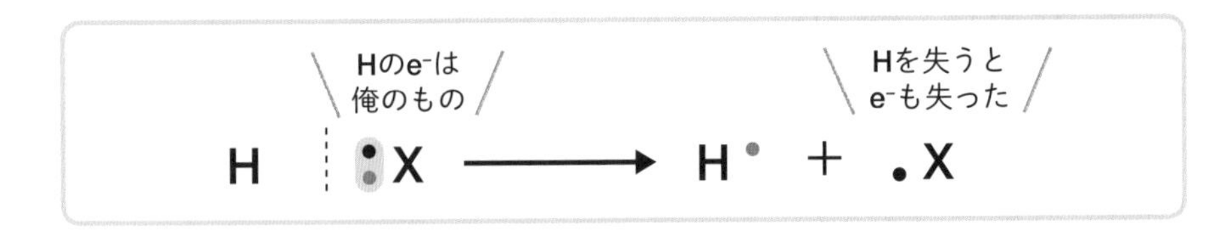

よって，原子 X は H 原子を失うことで電子 e^- も失うので，

「**水素原子 H を失う** ＝ 電子 e^- を失う ＝ **酸化された**」

と考えることができます。

以上より，すべての酸化還元反応は電子 e^- の移動で説明できます。

下の例のように，O 原子や H 原子が関与しない酸化還元反応も多いため，電子 e^- の移動で考える習慣をつけていきましょうね。

例 $Cu + Cl_2 \longrightarrow CuCl_2$

➡ $Cu \longrightarrow Cu^{2+} + 2e^-$　　Cu は電子 e^- を失う ＝ 酸化された

　$Cl_2 + 2e^- \longrightarrow 2Cl^-$　　Cl_2 は電子 e^- を得る ＝ 還元された

▶**酸化・還元の定義**

	酸化	還元
電子 e^-	失う	得る
酸素原子 O	得る	失う
水素原子 H	失う	得る

酸化還元反応は電子 e^- の移動で考えよう。

電子 e^- を失う ➡ 酸化，電子 e^- を得る ➡ 還元

2 酸化数

1 酸化数

酸化還元反応のややこしいところは，反応式上では電子 e^- が見えないことです。そこで，化学の目で電子 e^- を見ていきますよ。

その方法の１つが酸化数です。酸化数とは，**実際に反応に関わる電荷**です。電荷の変化から，電子 e^- の移動をとらえていきます。

酸化された物質は，マイナス(負)の電気をもつ電子 e^- を失うため，プラス(正)に帯電します。
電子 e^- を１つ失うと＋１，２つ失うと＋２，…と酸化数が増加していきます。

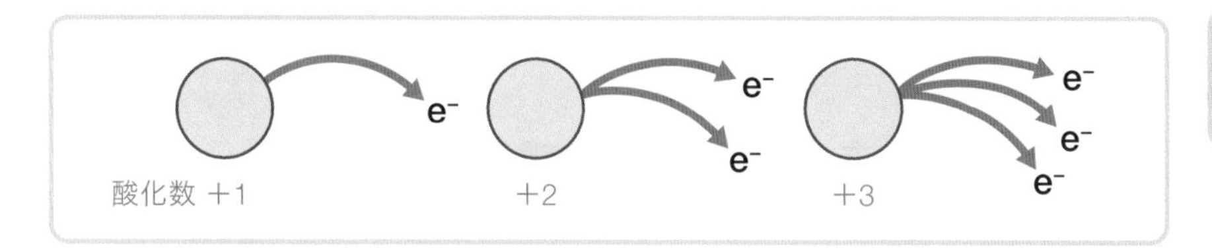

よって，酸化数が増加していると，酸化されたことになり，**増加した分だけ電子 e^- を失っている**ことがわかります。

一方，還元された物質は，マイナス(負)の電気をもつ電子 e^- を得るため，マイナス(負)に帯電します。
電子 e^- を１つ得ると－１，２つ得ると－２，…と負に帯電していき，酸化数が減少していきます。

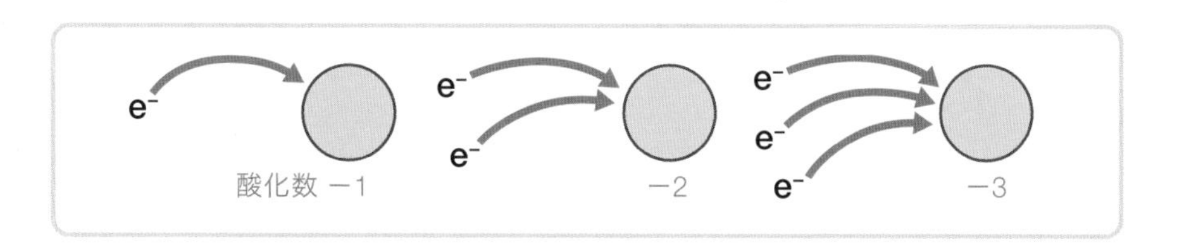

よって，酸化数が減少していると，還元されたことになり，**減少した分だけ電子 e^- を得ている**ことがわかります。

第6章 酸化還元反応

❷ 酸化数の決め方

では，酸化数はどのように決めるのか，確認していきましょう。
決め方のルールは５つあり，すべて電気陰性度(p.95)の大小で説明できます。

❶ 単体 ➡ **原子の酸化数が 0**

水素 H_2 で考えてみましょう。

２つの H 原子は電気陰性度が同じであるため，H 原子間の共有電子対が真ん中に位置します。
よって，共有電子対はどちらの原子のものでもなく半分こであり，電子 e^- を得ることも失うこともありません。
すなわち，酸化数は０です。

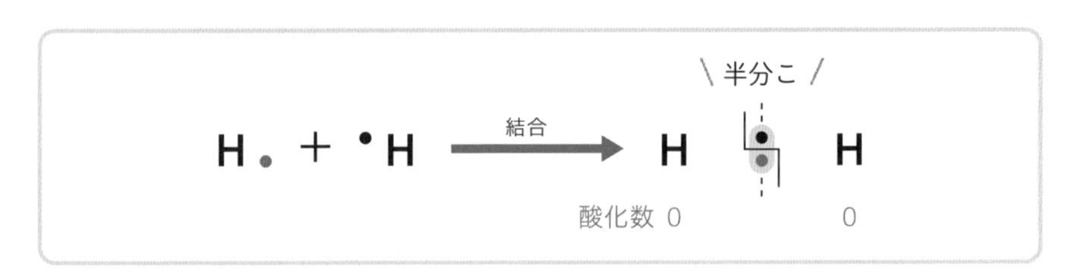

❷ 化合物 ➡ **構成する原子の酸化数の総和が 0**

１つの化合物の中で，電子 e^- を失う原子があれば，得る原子もあります。
そのため，化合物全体で電子 e^- の総数は変化しません。
よって，化合物全体では電荷をもちません。

酸化数は電荷を表しているため，化合物中の原子の酸化数の総和は０になります。

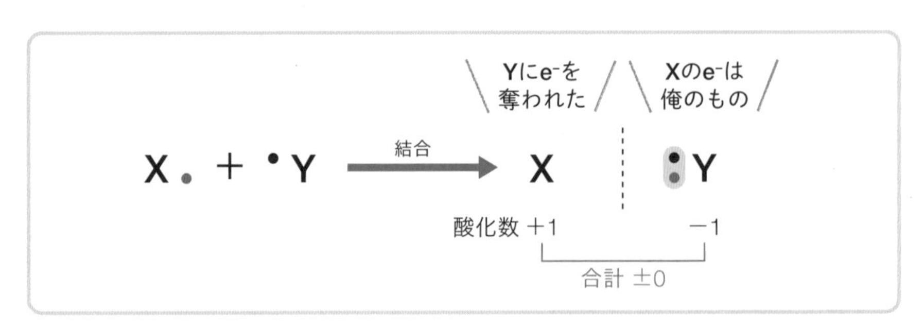

❸ 単原子イオン ➡ 酸化数がイオンの電荷
多原子イオン ➡ 構成する原子の酸化数の総和がイオンの電荷

酸化数は，原子のもっている電荷を表しているため，単原子イオンでは，酸化数とイオンの電荷が一致します。

Cu^{2+} ← 一致 → 酸化数 +2

同様に，多原子イオンでは，構成する原子の酸化数の総和が，イオンの電荷と一致します。

SO_4^{2-} ← 一致 → 合計−2

酸化数 +6 (−2)×4 ➡ 合計−2

❹ 化合物中の水素原子 H ➡ 酸化数が＋１（金属の水素化物のときは－１）
化合物中の酸素原子 O ➡ 酸化数が－２（過酸化物のときは－１）

水素原子 H は，非金属の中では電気陰性度が小さく，共有電子対が結合相手の方に引き寄せられるため，酸化数は＋１になります。

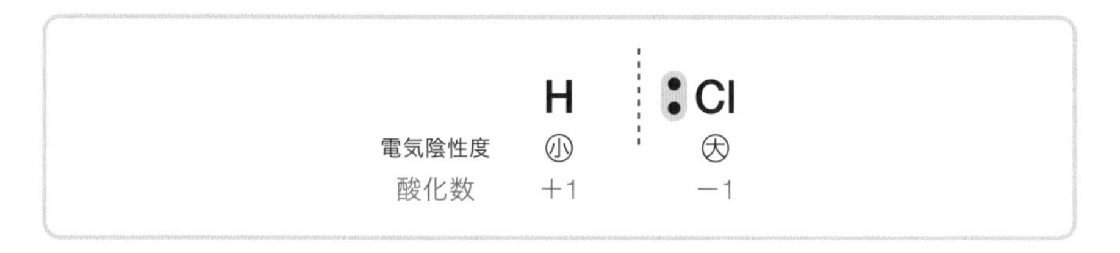

ただし，H 原子は金属と比べると電気陰性度が大きく，金属の水素化物の場合，共有電子対が H 原子の方に引き寄せられるため，酸化数は－１になります。

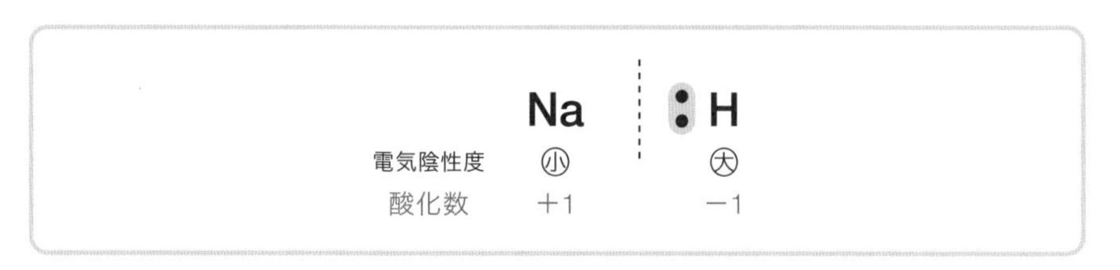

酸素原子 O はフッ素原子 F の次に電気陰性度が大きく，共有電子対が２組とも O 原子の方に引き寄せられるため，酸化数は－２になります。

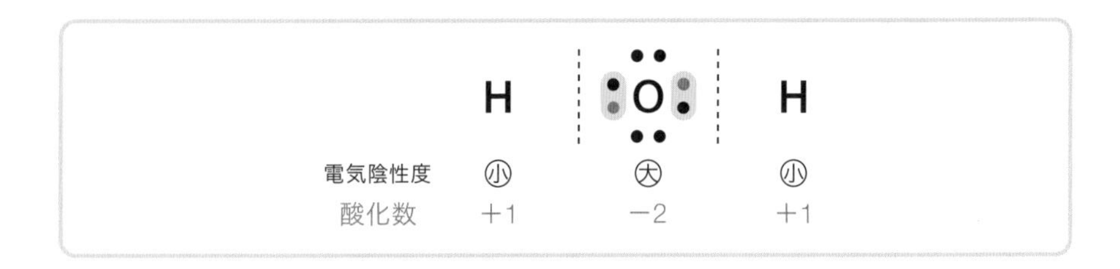

しかし，過酸化水素 H_2O_2 のような過酸化物（-O-O-という構造をもつ）は，O 原子間の共有電子対が半分こになります。
よって，H 原子の e^- を１つ得たと考えられるので，酸化数は－１になります。

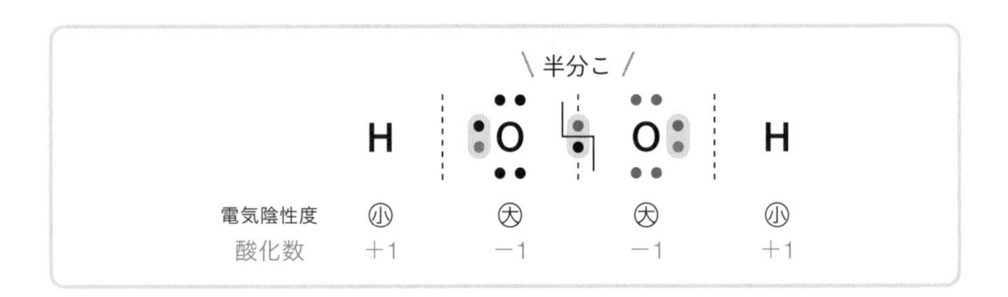

❺ その他（アルカリ金属元素 ➡ ＋１，アルカリ土類金属元素 ➡ ＋２，ハロゲン元素 ➡ －１）

アルカリ金属元素やアルカリ土類金属元素の原子は，電気陰性度が小さく，共有電子対が結合相手の方に引き寄せられます。
そのため，酸化数はそれぞれ＋１，＋２になります。

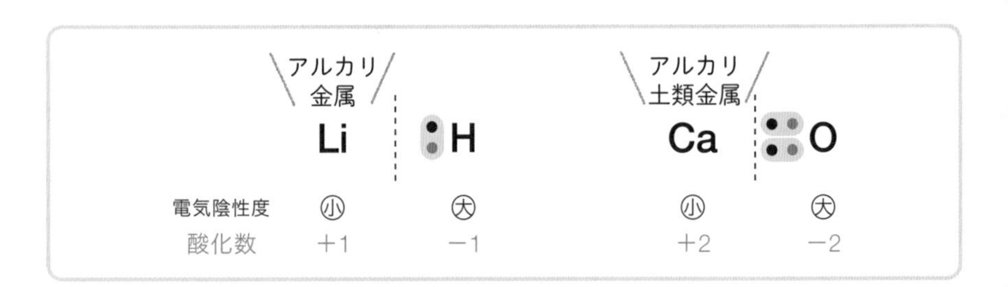

また，ハロゲン元素は電気陰性度が大きく，共有電子対がハロゲンの方に引き寄せられるため，酸化数は－１になります。

化合物や多原子イオン中のある原子 X の酸化数の決め方

・❹に従って水素原子 H と酸素原子 O の酸化数を定めます。
・水素 H，酸素 O 以外の原子を❺に従って定めます。
（ない場合は必要ありません）
・化合物の場合は❷，多原子イオンの場合は❸に従って，原子 X の酸化数を定めます。

例　過マンガン酸カリウム $KMnO_4$ 中のマンガン Mn 原子の酸化数

$$\underline{K}\ \underline{Mn}\ \underline{O_4}$$

$$(+1)\ +x+(-2)\times 4=0$$

化合物なので❷より総和が0

(+1)：❺に従う　(−2)：❹に従う

よって，$x=\underline{+7}$

例　硝酸イオン NO_3^- 中の窒素 N 原子の酸化数

$$\underline{N}\ \underline{O_3}^-$$

$$y+(-2)\times 3=-1$$

多原子イオンなので❸より総和がイオンの電荷

(−2)：❹に従う

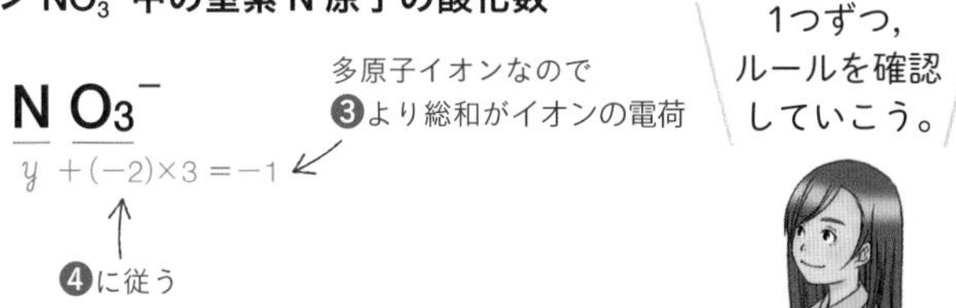

よって，$y=\underline{+5}$

第6章　酸化還元反応

練習問題

次の化合物の，下線を引いた原子の酸化数を求めなさい。

（1）$H_2\underline{S}O_4$　（2）$K_2\underline{Cr}_2O_7$　（3）$Li\underline{H}$

（4）$H_2\underline{O}_2$　（5）$\underline{Cu}(NO_3)_2$

単体は酸化数が０！
化合物は酸化数の**総和が０**！
イオンは酸化数の**総和＝電荷**！
Hは**＋１**または**－１**，Oは**－２**または**－１**！
複雑に見えるときは**イオンに注目**してみよう！

解き方

（1）$H_2\underline{S}O_4$

酸化数がわかるものは，**水素原子Hが＋１，酸素原子Oが－２**です。
硫酸 H_2SO_4 は**化合物であるため，原子の酸化数の総和が０**になります。
よって，硫黄原子Sの酸化数を x とすると，次の式が成り立ちます。

$$(+1)\times 2 + x + (-2)\times 4 = 0$$

$x =$ 答 $\underline{+6}$

（2）$K_2\underline{Cr}_2O_7$

酸化数がわかるものは，**O原子が－２，カリウム原子Kが＋１**です。二クロム酸カリウム $K_2Cr_2O_7$ は**化合物であるため，原子の酸化数の総和が０**になります。
よって，クロム原子Crの酸化数を y とすると，次の式が成り立ちます。

$$(+1)\times 2 + y\times 2 + (-2)\times 7 = 0$$

$y =$ 答 $\underline{+6}$

（3）LiH

あまり見なれない化学式が出てきても，ルールに従えば大丈夫です。

水素化リチウム LiH は**金属の水素化物である**ため，H 原子の酸化数は 答 −1 です。

水素化カルシウム CaH_2 などでも同様です。

（4）H_2O_2

過酸化水素 H_2O_2 は**過酸化物である**ため，O 原子の酸化数は 答 −1 になります。

過酸化物は，基本的に過酸化水素 H_2O_2 が出題されます。

（5）$Cu(NO_3)_2$

硝酸銅 $Cu(NO_3)_2$ には，酸化数のわからない元素が 2 つあります。

窒素 N と銅 Cu です。

よって，イオンに注目してみましょう。

硝酸イオン NO_3^- は全体で酸化数が −1 であるため，銅原子 Cu の酸化数を z とすると次の式が成り立ちます。

$$z + (-1) \times 2 = 0$$

$$z = \text{答}\ +2$$

硫酸鉄(Ⅲ) $Fe_2(SO_4)_3$ などでも同様です。

硫酸イオン SO_4^{2-} 全体で酸化数 −2 として考えていきましょう。

第6章 酸化還元反応

3 酸化剤と還元剤

❶ 酸化剤と還元剤

次の図において，左の物質は**電子 e^- を失っているので酸化**，右の物質は**電子 e^- を得ているので還元**されています。

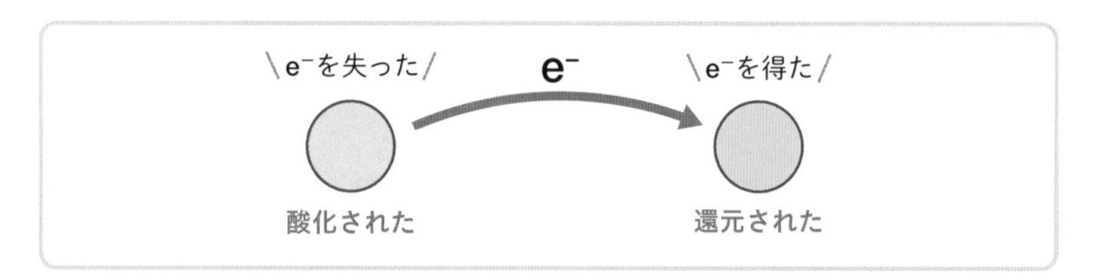

では，少し見方を変えてみましょう。
左の物質は，相手に電子 e^- を投げつけているので**相手を還元**，右の物質は，相手から電子 e^- を奪っているので**相手を酸化**しています。

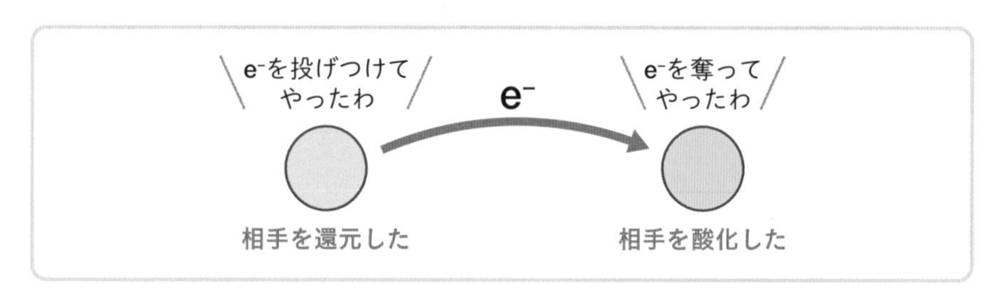

このように，電子 e^- を投げつけた物質（左）を還元剤（reducing agent 略して R），電子 e^- を奪った物質（右）を酸化剤（oxidizing agent 略して O）といいます。

酸化剤や還元剤だけでなく，酸化力や還元力という言葉も「相手を」というのが含まれています。**酸化力は相手を酸化する力，還元力は相手を還元する力です。**

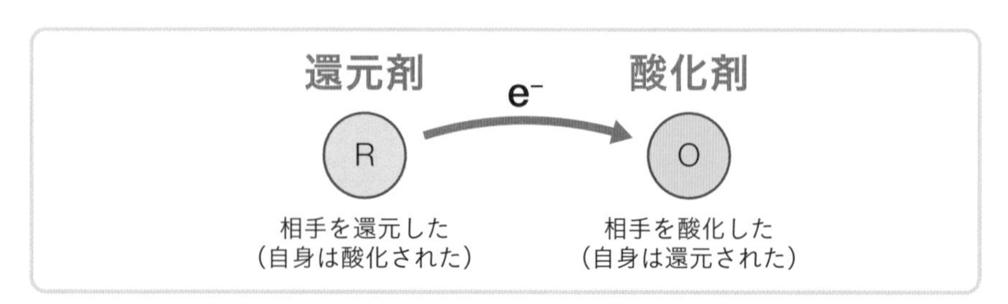

酸化剤 ➡ **相手を酸化し，自身は還元**される。
還元剤 ➡ **相手を還元し，自身は酸化**される。

② 代表的な酸化剤・還元剤

酸化還元反応では，反応式上で電子 e^- の移動が見えないため，見えるようにする方法がありましたね。
その１つ目が酸化数でした(p.225)。

２つ目は，**「代表的な酸化剤と還元剤を頭に入れておくこと」**です。
そうすると，化学反応式で酸化剤と還元剤の組み合わせが見えたとき，還元剤から酸化剤へ移動する電子をとらえられるようになります。

代表的な酸化剤と還元剤を知っておけば，すぐに酸化還元反応だと判断できますね。

では，知っておくべき代表的な酸化剤・還元剤を確認していきましょう。
まずは，「過マンガン酸カリウムは？」と聞かれたら「酸化剤！」と返せるように，次のページの表の酸化剤・還元剤は頭に入れていきましょうね。

そして次に**「反応後，何に変化するのか」**を頭に入れていきましょう。
表の反応式の赤字の部分です。
表の反応式は，酸化剤・還元剤のはたらきを，移動する電子 e^- が見えるように表したものです。
この反応式を暗記する必要はありませんよ。

酸化剤になりやすい物質は，主に次のようなものです。

❶ 非金属の単体

非金属元素は陰性が強いので，電子 e^-を受け取ってマイナス(負)に帯電する性質をもっています。

例 **ハロゲンの単体**

❷ 酸化数の大きい原子を含む物質

酸化数の大きい原子は，電子 e^-を奪われた状態にあります。
よって，還元剤から電子 e^-を奪おうとします。

例 $K\underline{Mn}O_4$ ，$H\underline{N}O_3$
　　+7　　　+5

▶代表的な酸化剤

酸化剤	はたらきを示す反応式
オゾン O_3	$O_3 + 2e^- + 2H^+ \longrightarrow O_2 + H_2O$
ハロゲンの単体 X_2	$Cl_2 + 2e^- \longrightarrow 2Cl^-$
過酸化水素 H_2O_2 （酸性条件下） （中性·塩基性条件下）	$H_2O_2 + 2e^- + 2H^+ \longrightarrow 2H_2O$ $H_2O_2 + 2e^- \longrightarrow 2OH^-$
過マンガン酸カリウム $KMnO_4$ （酸性条件下） （中性·塩基性条件下）	$MnO_4^- + 5e^- + 8H^+ \longrightarrow Mn^{2+} + 4H_2O$ 赤紫色　ほぼ無色 $MnO_4^- + 3e^- + 2H_2O \longrightarrow MnO_2 + 4OH^-$
酸化マンガン(Ⅳ) MnO_2	$MnO_2 + 2e^- + 4H^+ \longrightarrow Mn^{2+} + 2H_2O$
希硝酸 HNO_3	$HNO_3 + 3e^- + 3H^+ \longrightarrow NO + 2H_2O$
濃硝酸 HNO_3	$HNO_3 + e^- + H^+ \longrightarrow NO_2 + H_2O$
熱濃硫酸 H_2SO_4	$H_2SO_4 + 2e^- + 2H^+ \longrightarrow SO_2 + 2H_2O$
二クロム酸カリウム $K_2Cr_2O_7$	$Cr_2O_7^{2-} + 6e^- + 14H^+ \longrightarrow 2Cr^{3+} + 7H_2O$ 赤橙色　緑色
二酸化硫黄 SO_2	$SO_2 + 4e^- + 4H^+ \longrightarrow S + 2H_2O$

還元剤になりやすい物質は，主に次のようなものです。

❶ 金属の単体

金属元素は陽性が強いので，電子 e^- を放出してプラス(正)に帯電する性質をもっています。

例 Na，Al

❷ 酸化数の小さい原子を含む物質

酸化数の小さい原子は電子 e^- を奪った状態です。
よって酸化剤に電子 e^- を投げつけることができます。

例 $H_2\underline{S}$，$\underline{Fe}^{2+}$
　 −2　+2

▶代表的な還元剤

還元剤	はたらきを示す反応式
金属の単体 M	$Mg \longrightarrow Mg^{2+} + 2e^-$
塩化スズ(Ⅱ) $SnCl_2$	$Sn^{2+} \longrightarrow Sn^{4+} + 2e^-$
硫酸鉄(Ⅱ) $FeSO_4$	$Fe^{2+} \longrightarrow Fe^{3+} + e^-$
硫化水素 H_2S	$H_2S \longrightarrow S + 2e^- + 2H^+$
過酸化水素 H_2O_2	$H_2O_2 \longrightarrow O_2 + 2e^- + 2H^+$
二酸化硫黄 SO_2	$SO_2 + 2H_2O \longrightarrow SO_4^{2-} + 2e^- + 4H^+$
シュウ酸 $(COOH)_2$	$(COOH)_2 \longrightarrow 2CO_2 + 2e^- + 2H^+$
ハロゲン化物イオン X^-	$2I^- \longrightarrow I_2 + 2e^-$

ここで，注意してほしい物質が２つあります。
過酸化水素 H_2O_2 と二酸化硫黄 SO_2 です。
これらは，**酸化剤としても還元剤としてもはたらきます。**

H_2O_2 は，通常，酸化剤ですが，反応相手が強い酸化剤のときは，還元剤としてはたらきます。
また，SO_2 は通常，還元剤ですが，反応相手が強い還元剤のときは，酸化剤としてはたらきます。

H_2O_2 や SO_2 が関わる反応では，それらが酸化剤としてはたらいているか，還元剤としてはたらいているかを，**反応相手から判断する必要があります**。

例 $2KI + H_2O_2 + H_2SO_4 \longrightarrow I_2 + K_2SO_4 + 2H_2O$ （酸性条件下）

➡ H_2O_2 の反応相手のヨウ化カリウム KI（ヨウ化物イオン I^-）は，還元剤です。
よって，H_2O_2 は酸化剤としてはたらきます。

例 $2H_2S + SO_2 \longrightarrow 3S + 2H_2O$

➡ SO_2 の反応相手の硫化水素 H_2S は，還元剤です。
よって，SO_2 は酸化剤としてはたらきます。

代表的な酸化剤・還元剤は頭に入れておこう。
H_2O_2 と SO_2 は**反応相手から判断しよう**。

一問一答で講義の内容を確認しよう

OUTPUT TIME

3分

	問題	答え	
1	原子，またはその原子を含む物質が，電子を失う変化を何という？	酸化	➡ p.223
2	原子，またはその原子を含む物質が，電子を得る変化を何という？	還元	➡ p.223
3	酸素が関わる酸化還元反応のとき，酸素原子 O に注目すると，1 の変化では物質は O 原子を得る？ それとも失う？	得る	➡ p.223
4	水素が関わる酸化還元反応のとき，水素原子 H に注目すると，1 の変化では物質は H 原子を得る？ それとも失う？	失う	➡ p.224
5	酸化数に注目すると，1 の変化では原子の酸化数は増加する？ それとも減少する？	増加する	➡ p.225
6	相手を酸化する物質を何という？	酸化剤	➡ p.232
7	次の中で 6 として適切ではない物質を選ぼう。 HNO_3 $K_2Cr_2O_7$ $(COOH)_2$ H_2SO_4 Cl_2	$(COOH)_2$	➡ p.235
8	酸化剤にも還元剤にもなる物質を化学式で 2 つ答えよう。	H_2O_2，SO_2	➡ p.235
9	過マンガン酸イオンMnO_4^-の色は何色？	赤紫色	➡ p.234
10	二クロム酸イオン$Cr_2O_7^{2-}$の色は何色？	赤橙色	➡ p.234

第22講，お疲れちゃん。
酸化数の求め方，代表的な酸化剤・還元剤はしっかりクリアしておこうね。

第23講 酸化還元反応

1 酸化還元反応

❶ 酸化剤と還元剤の反応

酸化剤と還元剤の反応を酸化還元反応といいます。
還元剤から酸化剤に電子 e^- が移動するため，**酸化と還元は必ず同時に起こります**。

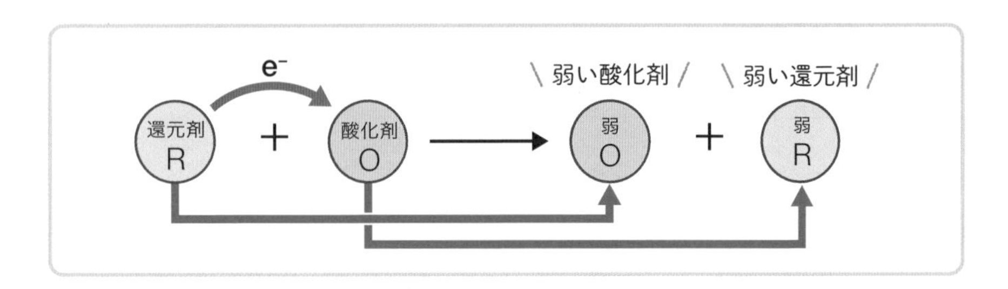

還元剤は電子 e^- を放出するため，反応後は電子 e^- を受け取る性質を少しだけもつようになります。
すなわち，**弱い酸化剤へと変化します**。

また，酸化剤は電子 e^- を受け取るため，反応後は電子 e^- を放出する性質を少しだけもつようになります。
すなわち，**弱い還元剤へと変化します**。

POINT!

酸化と還元は，必ず同時に起こる！

② 酸化還元反応の判断

酸化還元反応は，反応式を見ても電子 e^- は見えないため，酸化還元反応かどうかの判断が問われます。

どっちだ？

酸化還元反応？
それとも違う？

$$SO_2 + 2H_2S \longrightarrow 2H_2O + 3S$$

どのように判断するのか，その方法を確認していきましょう。
スピーディーに判断する方法を３つ紹介します。

❶ 反応式の中に単体があれば酸化還元反応

例 $3Cu + 8HNO_3 \longrightarrow 3Cu(NO_3)_2 + 2NO + 4H_2O$

単体は，化学変化が起こると単体ではなくなります。
上の例だと，銅 Cu が反応後も銅 Cu のままだと，化学変化が起こっていないことになりますね。

$$Cu \longrightarrow Cu$$

何も変化
してないよ

単体は，**必ず化合物に変化します**。
よって，反応前の酸化数０は，反応後の化合物中では０ではなくなります。
酸化数が変化するため，**単体が含まれる場合は酸化還元反応になります。**

また，単体は右辺にあっても構いません。

例 $SO_2 + 2H_2S \longrightarrow 2H_2O + 3S$

ただし，同素体間での変化は酸化還元反応にはなりません。

例 $2O_3 \longrightarrow 3O_2$

❷ 知っている酸化剤と還元剤の反応なら酸化還元反応

例 $2KMnO_4 + 5(COOH)_2 + 3H_2SO_4 \longrightarrow 10CO_2 + 2MnSO_4 + 8H_2O + K_2SO_4$

酸化剤（$KMnO_4$）　還元剤（$(COOH)_2$）

代表的な酸化剤と還元剤(p.234，235)の組み合わせになっていたら，酸化還元反応です。

上の例では，過マンガン酸カリウム $KMnO_4$ は代表的な酸化剤，シュウ酸 $(COOH)_2$ は代表的な還元剤です。

（上の例にある硫酸 H_2SO_4 は水溶液を酸性にするためのもので，くわしくは，p.245 で説明します。）

❸ 酸化数を調べ，左辺と右辺で変化があるなら酸化還元反応

例 $2K\underset{+7}{\underline{Mn}}O_4 + 5(COOH)_2 + 3H_2SO_4 \longrightarrow 10CO_2 + 2\underset{+2}{\underline{Mn}}SO_4 + 8H_2O + K_2SO_4$

酸化数が反応前後で変化している原子があれば，酸化還元反応です。

ただし，この方法は少し時間がかかります。

上の例では，マンガン Mn に注目してみましたが，どの原子に注目するかわからなかったら，いろんな原子の酸化数を調べてみることになるからです。

基本的に❶と❷で判断できますが，どうしようもないときには，❸のように酸化数を調べるようにしましょう。

3 酸化還元反応式

酸化還元反応の反応式(**酸化還元反応式**)は，酸化剤と還元剤のそれぞれの反応式をまとめて作ることができます。

酸化還元反応式の作り方

例 **硫酸酸性の過マンガン酸カリウム $KMnO_4$ 水溶液＋シュウ酸 $(COOH)_2$ 水溶液**

$KMnO_4$ 水溶液が酸化剤，$(COOH)_2$ 水溶液が還元剤です。
それぞれの反応式は以下のようになります。

酸化剤：$MnO_4^- + 5e^- + 8H^+ \longrightarrow Mn^{2+} + 4H_2O$
還元剤：$(COOH)_2 \longrightarrow 2CO_2 + 2e^- + 2H^+$

上の反応式で，$KMnO_4$ が MnO_4^- と表記してあるのは，$KMnO_4$ がイオン結晶で，水溶液中では K^+ と MnO_4^- に電離しているためです。
このように，**イオン結晶の化合物はイオンで表記します。**

❶ 酸化剤と還元剤の反応式の電子 e^- の係数をそろえて 2 つの式をたす
それぞれの電子 e^- の係数は 5 と 2 であるため，最小公倍数の 10 にそろえます。
酸化剤の式を 2 倍，還元剤の式を 5 倍して 2 つの式をたしましょう。

酸化剤：$MnO_4^- + 5e^- + 8H^+ \longrightarrow Mn^{2+} + 4H_2O$　（× 2）
➡ $2MnO_4^- + 10e^- + 16H^+ \longrightarrow 2Mn^{2+} + 8H_2O$
還元剤：$(COOH)_2 \longrightarrow 2CO_2 + 2e^- + 2H^+$　（× 5）
＋）➡ $5(COOH)_2 \longrightarrow 10CO_2 + 10e^- + 10H^+$

$$2MnO_4^- + 5(COOH)_2 + 6H^+ \longrightarrow 10CO_2 + 2Mn^{2+} + 8H_2O$$

❷ 省略していたイオンを追加する
$KMnO_4$ の K^+ のように，反応に関与していないイオンは省略されているため，最後に追加します。
MnO_4^- を $KMnO_4$，H^+ を H_2SO_4（硫酸酸性）に変えるため，K^+ を 2 つ，SO_4^{2-} を 3 つ両辺に追加します。

$$2KMnO_4 + 5(COOH)_2 + 3H_2SO_4 \longrightarrow 10CO_2 + 2MnSO_4 + 8H_2O + K_2SO_4$$

第6章 酸化還元反応

練習問題

次の反応式を使って，希硝酸 HNO_3 と銅 Cu の酸化還元反応式を書きなさい。

酸化剤：$HNO_3 + 3e^- + 3H^+ \longrightarrow NO + 2H_2O$
還元剤：$Cu \longrightarrow Cu^{2+} + 2e^-$

省略していたイオンを追加するとき，
イオンがどの物質から生じたものか問題文から確認しよう！

解き方

与えられた反応式は次の2式です。

酸化剤：$HNO_3 + 3e^- + 3H^+ \longrightarrow NO + 2H_2O$
還元剤：$Cu \longrightarrow Cu^{2+} + 2e^-$

それぞれの電子 e^- の係数を，最小公倍数の6にそろえるように，酸化剤の式を2倍，還元剤の式を3倍して2つの式をたしましょう。

酸化剤：$HNO_3 + 3e^- + 3H^+ \longrightarrow NO + 2H_2O$　（×2）
➡ $2HNO_3 + 6e^- + 6H^+ \longrightarrow 2NO + 4H_2O$
還元剤：$Cu \longrightarrow Cu^{2+} + 2e^-$　（×3）
＋）➡ $3Cu \longrightarrow 3Cu^{2+} + 6e^-$

$2HNO_3 + 3Cu + 6H^+ \longrightarrow 2NO + 3Cu^{2+} + 4H_2O$

左辺の H^+ はどの物質から出るものかを考えましょう。
問題文の中で H^+ を出すことができる物質，すなわち酸は希硝酸です。
よって，左辺に NO_3^- を6つたして，HNO_3 に変えましょう。

$2HNO_3 + 3Cu + \underline{6}HNO_3 \longrightarrow 2NO + 3Cu^{2+} + 4H_2O$

次に，右辺にも NO_3^- を 6 つたして Cu^{2+} を $Cu(NO_3)_2$ に変えましょう。

$$2HNO_3 + 3Cu + 6HNO_3 \longrightarrow 2NO + \underline{3}Cu(NO_3)_{\underline{2}} + 4H_2O$$

最後に，左辺の HNO_3 をまとめて $8HNO_3$ にすると完成です。

答 $8HNO_3 + 3Cu \longrightarrow 2NO + 3Cu(NO_3)_2 + 4H_2O$

2 酸化還元反応の量的関係

1 酸化還元滴定

酸化剤や還元剤の標準溶液を用いて，濃度のわからない還元剤や酸化剤の濃度を求める操作を，**酸化還元滴定**(さんかかんげんてきてい)といいます。
実験に使用する器具は，中和滴定と全く同じです(p.204)。

例 **硫酸酸性の過マンガン酸カリウム $KMnO_4$ 水溶液とシュウ酸 $(COOH)_2$ 水溶液の酸化還元滴定**

下の図のように，コニカルビーカーに $(COOH)_2$ 水溶液，ビュレットに $KMnO_4$ 水溶液を入れて滴定を行います。

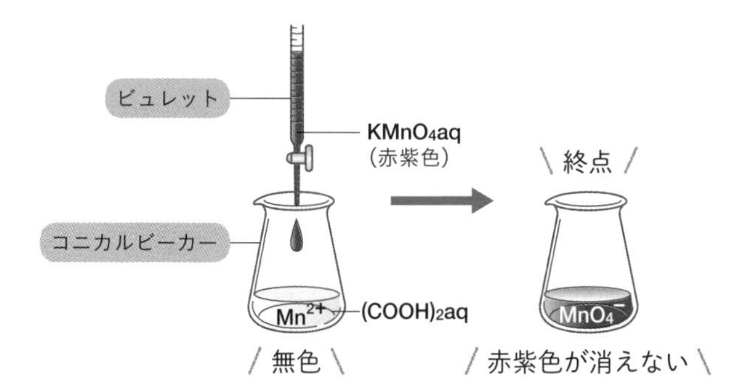

酸化剤と還元剤が過不足なく反応する点を**終点**といいます。
上の例では，**滴下した $KMnO_4$ 水溶液の赤紫色が消えずに残る点が終点です**。

終点より前は，滴下した $KMnO_4$(赤紫色)は $(COOH)_2$ と反応して Mn^{2+}(ほとんど無色)に変化するため，コニカルビーカー内の溶液は無色のままです。
しかし，終点になると $(COOH)_2$ が無くなり，$KMnO_4$ は反応しないため，赤紫色が消えずに残ります。

❷ 酸化剤と還元剤の量的関係

酸化還元滴定によって，酸化剤や還元剤の濃度を求める問題では，問題文で何が与えられているかに注目しましょう。

❶問題文で**酸化還元反応式が与えられているとき**は，他の化学変化と同じように

係数比 ＝ 物質量〔mol〕比

の式をたてましょう。

例 **硫酸酸性の過マンガン酸カリウム $KMnO_4$ 水溶液＋シュウ酸 $(COOH)_2$ 水溶液**

$$2KMnO_4 + 5(COOH)_2 + 3H_2SO_4 \longrightarrow 10CO_2 + 2MnSO_4 + 8H_2O + K_2SO_4$$

の酸化還元反応式が与えられているとき，

2：5＝ $KMnO_4$ の物質量〔mol〕：$(COOH)_2$ の物質量〔mol〕

となり，どちらかの濃度がわかれば，もう一方の濃度を求めることができます。

❷問題文で**酸化剤と還元剤の反応式しか与えられていないとき**は，それぞれの反応式を１つにまとめる必要はありません。

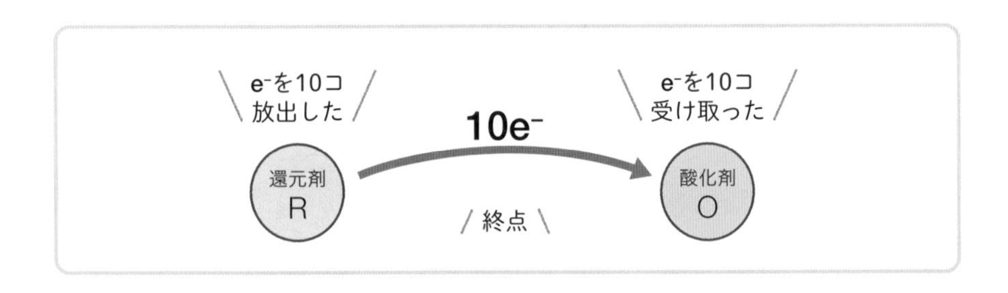

上の図のように，終点では，

酸化剤が受け取った電子 e^- の物質量 ＝ 還元剤が放出した電子 e^- の物質量

が成立しています。
この関係の計算式をたてましょう。
そのとき注目するのは，**反応式の中の「酸化剤・還元剤・電子 e^- の係数」です。**

例 **硫酸酸性の過マンガン酸カリウム $KMnO_4$ 水溶液＋シュウ酸 $(COOH)_2$ 水溶液**

酸化剤：$MnO_4^- + 5e^- + 8H^+ \longrightarrow Mn^{2+} + 4H_2O$

還元剤：$(COOH)_2 \longrightarrow 2CO_2 + 2e^- + 2H^+$

の反応式が与えられているとき，

$KMnO_4$ が受け取る電子 e^- の物質量 ➡ $KMnO_4$ の物質量× 5

$(COOH)_2$ が放出する電子 e^- の物質量 ➡ $(COOH)_2$ の物質量× 2

この 2 つが一致するのが終点なので，次のような式が成立します。

$KMnO_4$ の物質量× 5 ＝ $(COOH)_2$ の物質量× 2

2 つの反応式を 1 つにまとめるより，早く式をたてられるので，練習してみましょうね。

POINT!

問題文に酸化還元反応式があるとき，

係数比＝物質量比

問題文に酸化剤と還元剤の反応式があるとき，

酸化剤・還元剤・電子 e^- の係数に注目

3 硫酸酸性

酸化還元反応で **「硫酸酸性」** という言葉をよく見かけますね。
これは(希)硫酸を加えて酸性にするという意味です。
酸化還元反応に酸(H^+)が必要なときには通常，(希)硫酸を加えます。

それでは，なぜ，酸性にする必要があるのでしょうか。
とくに「硫酸酸性」を目にするのは，**酸化剤として過マンガン酸カリウム $KMnO_4$ を使用するときです**。
$KMnO_4$ は酸性条件下では Mn^{2+} に変化し，それ以外の条件下では MnO_2 に変化します(p.234)。

このとき，酸性条件下では電子 e^- を５個受け取って Mn^{2+} に，それ以外の条件下では電子 e^- を３個受け取って MnO_2 になるのです。

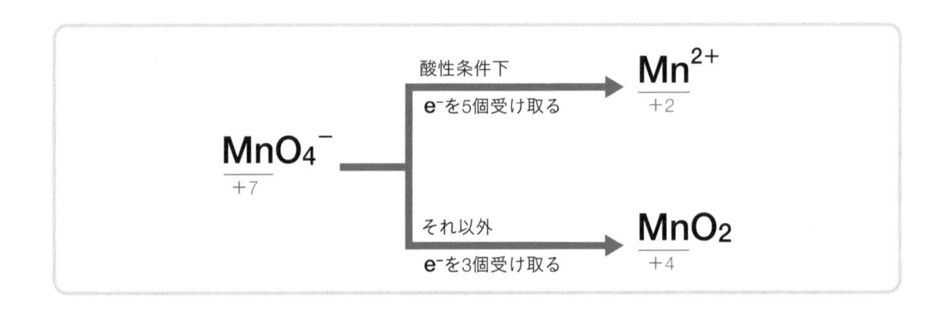

よって，**酸性条件下の方がたくさんの電子を受け取れる**ので，強い酸化剤としてはたらきます。
この理由から，$KMnO_4$ を使うときは，基本的に酸性条件下で使用します。

それでは，なぜ希硫酸を使うのでしょうか。
例えば，$KMnO_4$ とシュウ酸 $(COOH)_2$ の酸化還元反応の場合，他の酸として塩酸 HCl を使用したとします。
すると，Cl^- が還元剤としてはたらき，$KMnO_4$ と反応してしまいます。
これでは，正しい滴定を行うことができません。

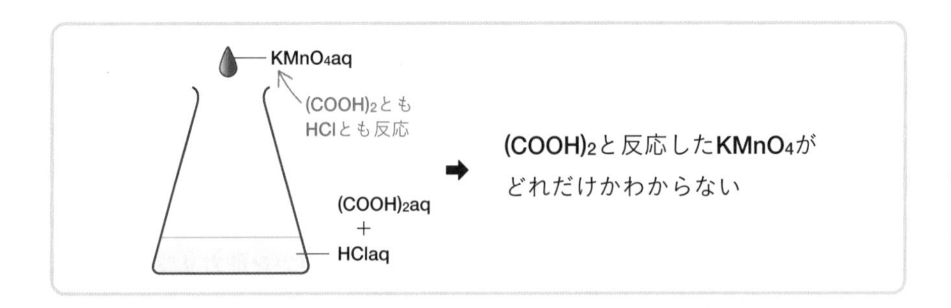

希硫酸には酸化力も還元力もなく，**ただ酸としてはたらきます**。
だから，希硫酸を使用するのです。

練習問題

濃度がわからない過酸化水素 H_2O_2 水 15 mL に，水を加えて 150 mL とした。次にその溶液 10.0 mL を取り出し，希硫酸を加え，0.012 mol/L の過マンガン酸カリウム $KMnO_4$ 水溶液で滴定したところ，終点までに 30.0 mL が必要であった。このとき，最初の過酸化水素水の濃度は何 mol/L?

酸化剤：$MnO_4^- + 5e^- + 8H^+ \longrightarrow Mn^{2+} + 4H_2O$

還元剤：$H_2O_2 \longrightarrow O_2 + 2e^- + 2H^+$

問題文で酸化剤と還元剤の反応式が与えられているときは，
酸化剤・還元剤・電子の係数に注目！

解き方

最初の過酸化水素 H_2O_2 水の濃度を x〔mol/L〕としましょう。
15 mL に水を加えて 150 mL にしているので，体積が 10 倍になっています。
すなわち，10 倍に希釈したということですね(p.158)。
よって，希釈した H_2O_2 水の濃度は $\frac{1}{10}$ 倍の $\frac{x}{10}$〔mol/L〕となります。

以上より，滴定に使った水溶液を整理すると，次のようになります。

過マンガン酸カリウム $KMnO_4$ 水溶液

0.012 mol/L，30.0 mL，反応式より **5** mol の電子を受け取る

過酸化水素 H_2O_2 水

$\frac{x}{10}$〔mol/L〕，10.0 mL，反応式より **2** mol の電子を放出する

よって，

$$0.012\,\text{mol/L} \times \frac{30.0}{1000}\,\text{L} \times 5 = \frac{x}{10}\,\text{〔mol/L〕} \times \frac{10.0}{1000}\,\text{L} \times 2$$

$x =$ 答 **0.90 mol/L**

一問一答で講義の内容を確認しよう

OUTPUT TIME

3分

	問題	答え
1	酸化還元反応が起こるとき，電子の移動は酸化剤から還元剤？ それとも還元剤から酸化剤？	還元剤から酸化剤 ➡ p.238
2	酸化還元反応が起こると，酸化剤は何に変化する？	（弱い）還元剤 ➡ p.238
3	次の中で酸化還元反応と判断していいのはどれ？ ① 酸と塩基の組み合わせになっている ② 反応前後で酸化数に変化がない ③ 反応式の右辺に単体がある	③ ➡ p.239
4	酸化還元滴定で，酸化剤と還元剤が過不足なく反応する点を何という？	終点 ➡ p.243
5	シュウ酸水溶液に希硫酸を加え，過マンガン酸カリウム水溶液を滴下していくと，4 においてどんな変化が見られる？	赤紫色が消えずに残る ➡ p.243
6	5 の滴定実験で，過マンガン酸カリウム水溶液を滴下する器具を何という？	ビュレット ➡ p.243
7	5 の滴定実験で，シュウ酸水溶液を入れる器具を何という？	コニカルビーカー ➡ p.243

第23講，お疲れちゃん。
酸化還元反応式は作れるようになったかな。
手を動かして練習しておこうね。

第24講 金属の酸化還元反応

1 金属のイオン化傾向

金属は，水溶液中で電子 e^- を放出して，陽イオンになる性質をもっています。
金属は，電子 e^- を放出して，プラスに帯電するのが人生の喜びなのです。

＼やったー！／

$$\underset{\text{金属}}{M} \longrightarrow \underset{\text{陽イオン}}{M^{n+}} + ne^-$$

金属が水溶液中で，どのくらい陽イオンになりやすいかを表しているのが，金属の**イオン化傾向**です。
そして，イオン化傾向の大きい金属から順に並べたものを金属の**イオン化列**といいます。

▶**金属のイオン化列のゴロあわせ**

Li	K	Ca	Na	Mg	Al	Zn	Fe	Ni	Sn	Pb	(H_2)	Cu	Hg	Ag	Pt	Au
リッチに貸そう	か	な。	ま	あ	あ	て	に	すん	な。	ひ	ど	す	ぎる	借	金。	

このイオン化列は，金属たちの強弱関係を表しています。
イオン化傾向の大きい金属は，イオン化傾向の小さい金属のイオンに電子 e^- を投げつけて，イオンになることができます。

$$Zn + Cu^{2+} \xrightarrow{e^-} Zn^{2+} + Cu$$

（e^- は Zn から Cu^{2+} へ）イオン化傾向 Zn㊤大 / Cu^{2+} ㊤小

このように，イオン化傾向の大きい金属は，陽イオンになりやすいのです。

しかし，その逆は進行しません。
イオン化傾向の小さな金属が，イオン化傾向の大きな金属のイオンに電子を投げつけることはできないのです。

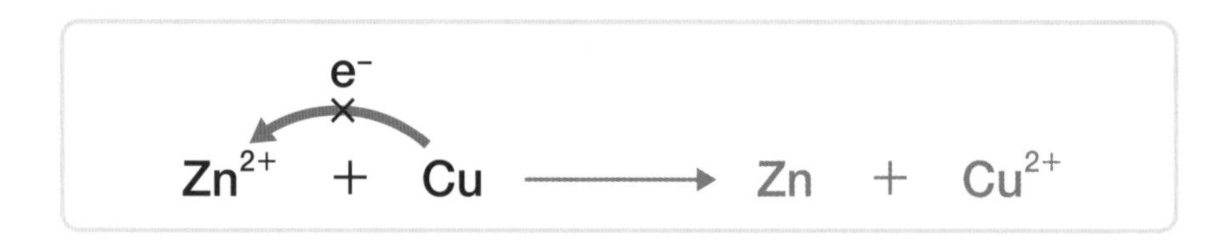

イオン化傾向の大きい金属は，
陽イオンになりやすい。

2 イオン化傾向と金属の反応性

金属の単体は，電子 e^- を放出して陽イオンになる性質をもつため，還元剤です。
イオン化傾向が大きい金属ほど，電子 e^- を放出しやすく，強い還元剤といえます。
すなわち，**イオン化傾向の大きい金属ほど反応性が高い**のです。

それでは，金属のイオン化傾向と，水，酸，空気との反応性を具体的に確認していきましょう。

❶ 水 H_2O との反応

水の電離度は非常に小さく，ほとんど電離していません(p.188)。

水中に存在する水素イオン H^+ は，非常に少ないのです。

その少ない水素イオン H^+ を探し出して，電子 e^- を投げつけるなんて，とても強い還元剤にしかできません。

＼極少／

$$H_2O \rightleftarrows H^+ + OH^-$$

e^- ↑ 強い還元剤

よって，水と反応する金属は，イオン化傾向が非常に大きい金属です。

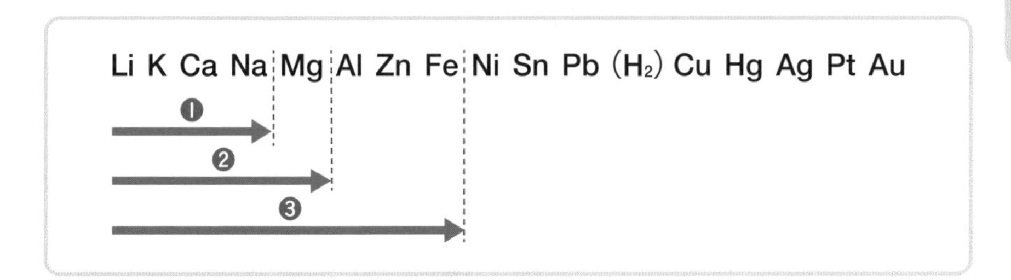

❶ 常温の水と反応 ➡ **イオン化列 Na まで**

❷ 熱水と反応 ➡ **イオン化列 Mg まで**

❸ 高温水蒸気と反応 ➡ **イオン化列 Fe まで**

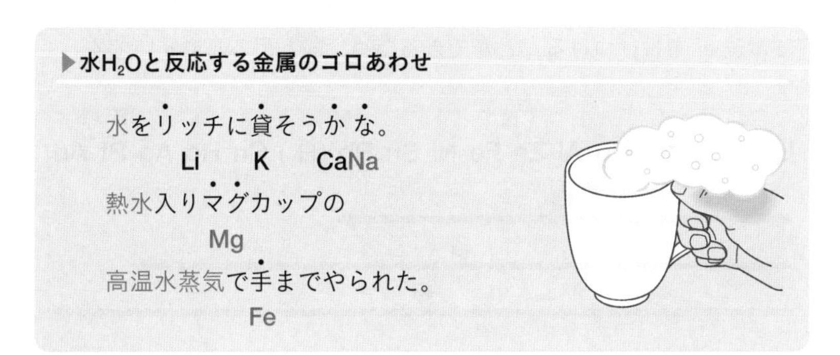

金属と常温の水との化学反応式は書けるようになりましょう。

例 **ナトリウム Na と常温の水の化学反応式**

ナトリウム Na が還元剤，水が酸化剤です。

還元剤：$Na \longrightarrow Na^+ + e^-$　　(× 2)

+）**酸化剤**：$2H_2O + 2e^- \longrightarrow H_2 + 2OH^-$

$$2Na + 2H_2O \longrightarrow 2NaOH + H_2$$

ナトリウム Na が放出した電子 e^-を，水 H_2O の H^+が受け取って水素 H_2 が発生する，と考えると酸化剤と還元剤の反応式がなくても作れそうですね。

$$2Na + 2H_2O \longrightarrow 2NaOH + H_2$$
$$(\underline{2}H^+OH^-)$$

2 酸との反応

水とは違い，**酸の水溶液中には水素イオン H^+が十分に存在しています**。
目をつむって電子 e^-を投げても当たるくらい，H^+がたくさんあるのです。

$$HA \longrightarrow H^+ + A^-$$

＼多い／

e^-

イオン化傾向がH_2より
大きい金属

よって，強弱関係に従い，イオン化傾向が水素 H_2 より大きい金属は，水素イオン H^+に電子 e^-を投げつけることができるため，酸と反応しやすいです。

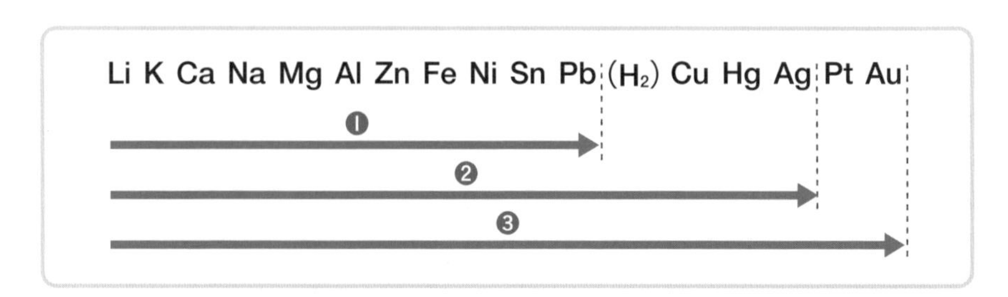

❶ 希酸(希硫酸・塩酸など)と反応

➡ **イオン化列 Pb まで(イオン化傾向が H_2 より大きい金属まで)**

イオン化傾向 Pb までの金属は，希硫酸や塩酸などの希酸と反応します。
ただし，鉛 Pb は希硫酸とは硫酸鉛 $PbSO_4$ の沈殿，塩酸とは塩化鉛 $PbCl_2$ の沈殿を生じ，それにより表面が覆われてしまうため，反応はすぐに停止します。

酸との反応では，金属が電子 e^- を放出し，H^+ がそれを受け取り，気体の H_2 が発生します。

例 **鉄 Fe と希硫酸 H_2SO_4**

Fe が還元剤，H^+ が酸化剤です。

還元剤：$Fe \longrightarrow Fe^{2+} + 2e^-$
＋）**酸化剤**：$2H^+ + 2e^- \longrightarrow H_2$

$$Fe + H_2SO_4 \longrightarrow FeSO_4 + H_2 \qquad (+\ SO_4^{2-})$$

Fe と H^+ が反応して，H_2 が発生するということが意識できれば，酸化剤と還元剤の反応式がなくても作れそうですね。

$$Fe + H_2SO_4 \longrightarrow FeSO_4 + H_2$$

また，**イオン化傾向が H_2 より小さい Cu や Ag などの金属は希酸と反応することはできません**。

希硫酸や塩酸との反応では，水素が発生するんだね。

❷ 熱濃硫酸・濃硝酸・希硝酸と反応 ➡ イオン化列 Ag まで

熱濃硫酸・濃硝酸・希硝酸は**酸であり，酸化剤でもあります**。
これらの酸化力により，イオン化傾向が H_2 より小さい銅 Cu・水銀 Hg・銀 Ag とも反応し，溶かすことができます。
それぞれ，酸化剤として反応したあと，二酸化硫黄 SO_2・二酸化窒素 NO_2・一酸化窒素 NO に変化する(p.234)ため，使う酸によって発生する気体が変わります。

例 **銅 Cu と濃硝酸 HNO_3**

酸化剤と還元剤の反応式が与えられたら，化学反応式を作れるようになっておきましょう。銅 Cu が還元剤，濃硝酸 HNO_3 が酸化剤ですよ。

還元剤：$Cu \longrightarrow Cu^{2+} + 2e^-$

＋）**酸化剤**：$HNO_3 + H^+ + e^- \longrightarrow NO_2 + H_2O$　　（× 2）

$Cu + 4HNO_3 \longrightarrow Cu(NO_3)_2 + 2NO_2 + 2H_2O$　　$(+\ 2NO_3^-)$

また，**鉄 Fe・ニッケル Ni・アルミニウム Al は，濃硝酸に浸（ひた）すと，表面に緻密（ちみつ）な酸化被膜を形成する**ため，内部が保護された状態になり，反応が進行しません。
この状態を**不動態（ふどうたい）**といいます。
よって，イオン化傾向が H_2 より大きい金属ですが，**濃硝酸には溶解しません**。

▶不動態を作る金属のゴロあわせ

手にある不動態
Fe Ni Al

❸ 王水（おうすい）と反応 ➡ イオン化列 Au まで

王水とは，濃硝酸と濃塩酸を体積比 1：3 で混合した液体で，とても強い酸化剤です。白金 Pt や金 Au でも王水となら反応し，溶解します。

▶王水と反応する金属のゴロあわせ

一　生　3　円　の　借　金　王
1（硝酸）：3（塩酸）　Pt　Au　王水

❸ 空気（酸素 O_2）との反応

空気中にある酸素 O_2 は弱い酸化剤です。
よって，すみやかに酸化されるのはイオン化傾向の大きい金属です。
また，銀 **Ag**・白金 **Pt**・金 **Au** は強熱しても酸化されることはありません。

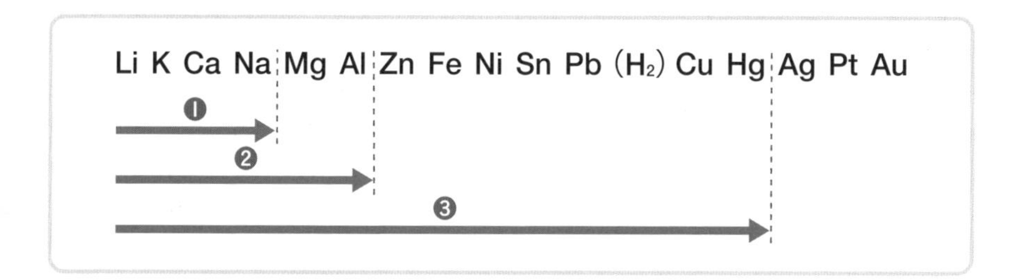

❶ 常温ですみやかに酸化される ➡ イオン化列 Na まで
❷ 加熱により酸化される ➡ イオン化列 Al まで
❸ 強熱により酸化される ➡ イオン化列 Hg まで

以上の，金属の反応性とイオン化傾向の関係を頭に入れていきましょうね。

<table>
<tr><th>イオン化列</th><th>Li</th><th>K</th><th>Ca</th><th>Na</th><th>Mg</th><th>Al</th><th>Zn</th><th>Fe</th><th>Ni</th><th>Sn</th><th>Pb</th><th>(H2)</th><th>Cu</th><th>Hg</th><th>Ag</th><th>Pt</th><th>Au</th></tr>
<tr><td rowspan="3">水との反応</td><td colspan="4">常温の水と反応</td><td colspan="13" rowspan="3">H2発生 / Pbはすぐに反応停止</td></tr>
<tr><td colspan="5">熱水と反応</td></tr>
<tr><td colspan="8">高温水蒸気と反応</td></tr>
<tr><td rowspan="3">酸との反応</td><td colspan="11">希酸（塩酸・希硫酸）と反応</td><td colspan="6">Fe・Ni・Alは濃硝酸と不動態</td></tr>
<tr><td colspan="15">熱濃硫酸・濃硝酸・希硝酸と反応</td><td colspan="2"></td></tr>
<tr><td colspan="17">王水（濃硝酸・濃塩酸＝1：3）と反応</td></tr>
<tr><td rowspan="3">空気との反応</td><td colspan="4">常温ですみやかに酸化</td><td colspan="13"></td></tr>
<tr><td colspan="6">加熱により酸化</td><td colspan="11"></td></tr>
<tr><td colspan="14">強熱により酸化</td><td colspan="3"></td></tr>
<tr><td>イオン化列</td><td>Li</td><td>K</td><td>Ca</td><td>Na</td><td>Mg</td><td>Al</td><td>Zn</td><td>Fe</td><td>Ni</td><td>Sn</td><td>Pb</td><td>(H2)</td><td>Cu</td><td>Hg</td><td>Ag</td><td>Pt</td><td>Au</td></tr>
</table>

イオン化傾向の大きい金属ほど，還元力が強く反応性が高い。

3 金属の腐食とめっき

鉄 Fe は鉄道のレールや建築物など，身の回りに多く利用されている金属です。
しかし，空気中で酸化され，酸化鉄(Ⅲ)Fe_2O_3 や酸化水酸化鉄(Ⅲ)$FeO(OH)$ などのさびに変化していきます。
このように金属が時間とともに酸化され，酸化物や水酸化物，炭酸塩などに変化していくことを**腐食**(ふしょく)といいます。

金属が腐食するのを防ぐ方法の１つに，金属表面を別の金属で覆う方法があります。
これを**めっき**といいます。

❶ ブリキ

鉄 Fe の表面をスズ Sn でめっきしたものを**ブリキ**といいます。
イオン化傾向は Fe ＞ Sn なので，Sn の方が腐食されにくいですね。
よって，Fe だけのときに比べ，ブリキは Fe が腐食されにくいのです。

しかし，表面に傷がついて Fe が露出すると，Sn より Fe が先に腐食されるため，めっきの効果は全くありません。
よって，ブリキは傷のつきにくいところで使用されます。

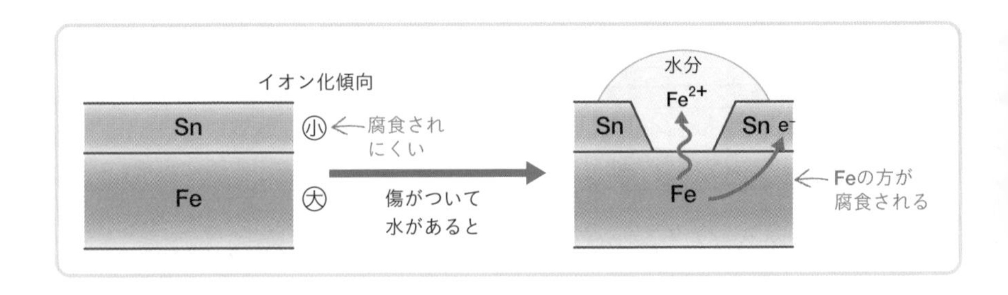

② トタン

鉄 Fe の表面を亜鉛 Zn でめっきしたものを**トタン**といいます。
イオン化傾向は Zn ＞ Fe ですが，Zn は表面に酸化被膜を作るため，Fe だけのときより腐食しにくくなります。

さらに，表面に傷がついて Fe が露出しても，Zn が先に腐食されるため，Fe は腐食されにくいのです。

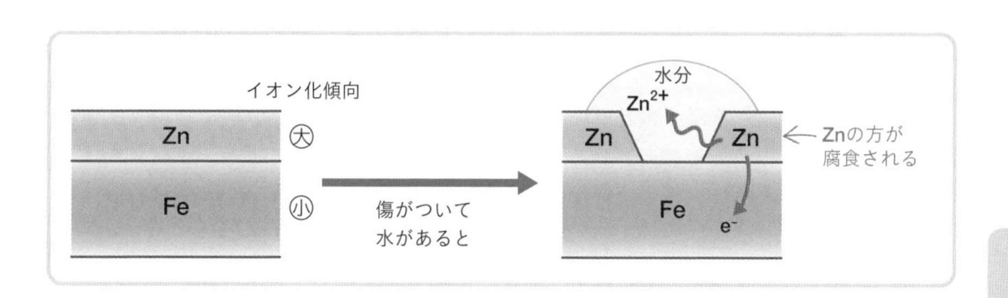

一問一答で講義の内容を確認しよう

OUTPUT TIME

3分

1	金属が水溶液中で，どのくらい陽イオンになりやすいかを表しているものを何という？	(金属の)イオン化傾向 ➡ p.249
2	1 を大きい順に並べたものを何という？	(金属の)イオン化列 ➡ p.249
3	常温の水と反応する金属は，2 のどこからどこまで？	リチウム[Li]から ナトリウム[Na]まで ➡ p.251
4	3 の金属が常温の水と反応したときに発生する気体は何？	水素[H_2] ➡ p.252
5	希硫酸や塩酸とは反応しないけれど，希硝酸とは反応する金属は何？ 3つ答えよう。	銅[Cu]・水銀[Hg] 銀[Ag] ➡ p.254
6	緻密な酸化被膜で覆われて，酸化が内部まで進行しない状態を何という？	不動態 ➡ p.254
7	濃硝酸に浸すと，6 の状態となり，反応が進行しない金属にはどんなものがある？ 3つ答えよう。	鉄[Fe]・ニッケル[Ni] アルミニウム[Al] ➡ p.254
8	銅と濃硝酸が反応したときに発生する気体は？	二酸化窒素[NO_2] ➡ p.254
9	空気中ですみやかに酸化される金属は，2 のどこからどこまで？	リチウム[Li]から ナトリウム[Na]まで ➡ p.255
10	鉄の表面をスズでめっきしたものを何という？	ブリキ ➡ p.256
11	鉄の表面を亜鉛でめっきしたものを何という？	トタン ➡ p.257

第24講，お疲れちゃん。
金属のイオン化列は頭に入ったかな？
反応性と合わせて
しっかり復習しておこうね。

第25講 酸化還元反応の利用

1 電池

酸化還元反応は**還元剤から酸化剤に電子 e^- が移動する反応**でしたね。
電子 e^- が移動するということは，電流が流れているのでしょうか。

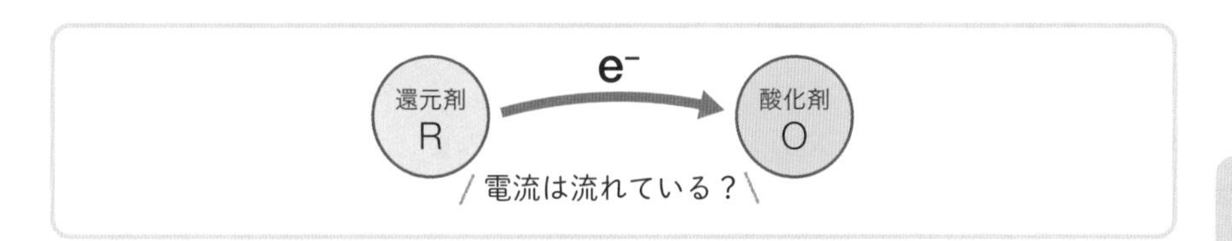

酸化剤と還元剤の水溶液を混ぜ合わせると，酸化還元反応は進行しますが，電流は流れません。
それは，酸化剤と還元剤が衝突して反応するためです。
衝突した瞬間に電子 e^- のやり取りが完了するため，電流は流れないのです。

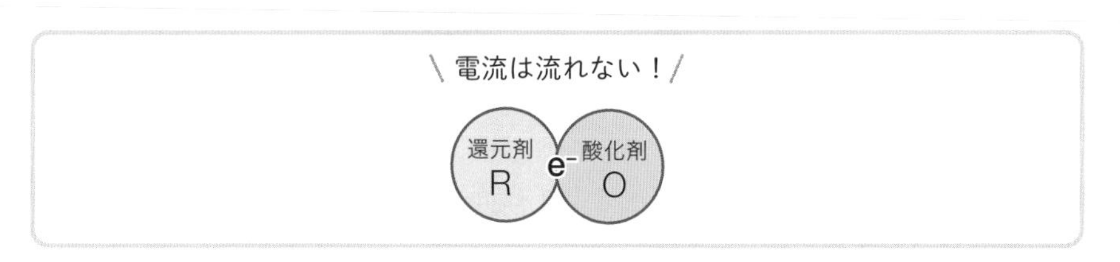

しかし，酸化剤と還元剤を離れた場所で反応させると，**電子 e^- がその距離を移動する**ため，電流を取り出すことができます。

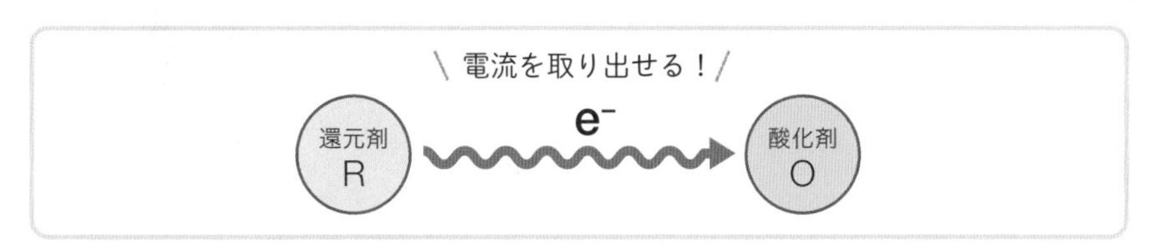

このように，酸化剤と還元剤を離れた場所で反応させて，電流を取り出す装置，すなわち，**酸化還元反応によって，化学エネルギーを電気エネルギーに変えて取り出す装置**が電池なのです。

では，酸化剤と還元剤を離れた場所で反応させる方法を確認していきましょう。

2 電池のしくみ

酸化剤と還元剤を離れた場所で反応させるために利用するのが，金属の性質です。金属は，電子 e^-を放出してプラスに帯電するのが人生の喜びで，その強弱を表しているのがイオン化傾向でしたね(p.249)。

それを思い出しながら，次のような装置で考えてみましょう。

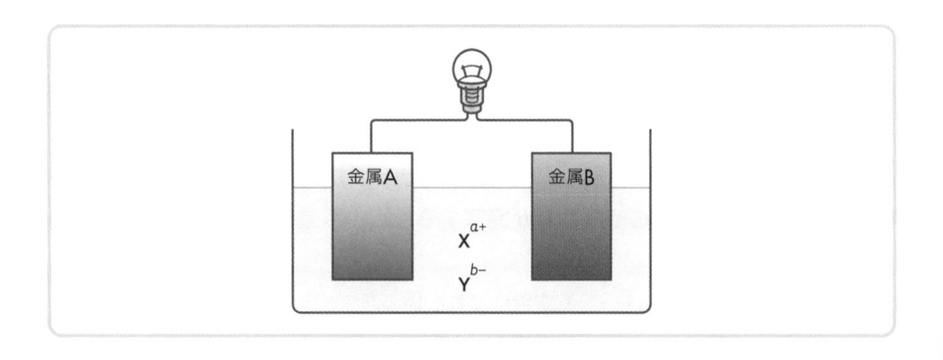

異なる２種類の金属 A，金属 B(イオン化傾向は A ＞ B)を導線でつなぎ，電解質水溶液に浸しています。

❶ 電極

電池には金属 A，金属 B のように 2 種類の金属を使用します。
この 2 種類の金属を**電極**といいます。
このうち電子 e^- が流れ出る電極を**負極**，電子 e^- が流れこむ電極を**正極**といいます。

では，A，B（イオン化傾向は A ＞ B）のどちらが負極か考えてみましょう。

A，B はどちらも金属なので，**イオン化傾向の大きい方が，電子 e^- を放出することができます**。
その結果，イオン化傾向が大きい A は電子 e^- を放出し，小さい B は受け取ることになります。

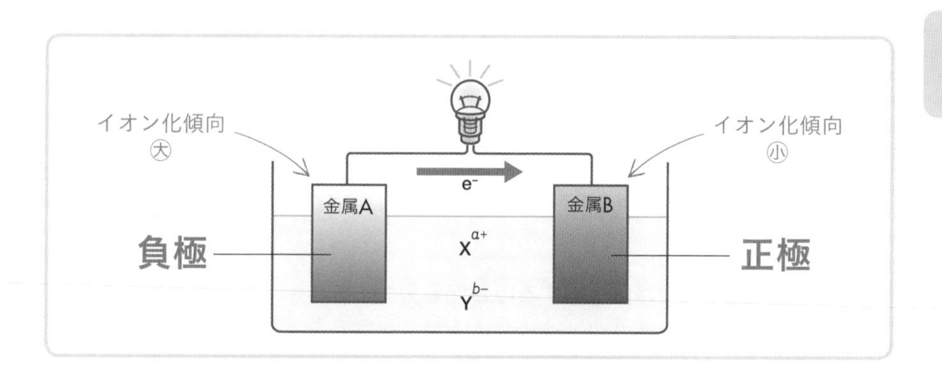

よって，**イオン化傾向の大きい A が負極，小さい B が正極**となります。

電子が**流れ出る電極**が**負極**，
電子が**流れこむ電極**が**正極**。

② 起電力

電流を流そうとするはたらきの強さを**電圧**といい，単位はボルト(V)です。
そして，負極と正極の間に生じる電圧を**起電力**といいます。

例えば，イオン化傾向の大きい金属Aが「10」の力で電子を放出しようとし，イオン化傾向の小さい金属Bが「6」の力で電子を放出しようとする，としましょう。
そうすると，イオン化傾向の差の「4」の分だけ，AからBに電子e^-が移動することになりますね。

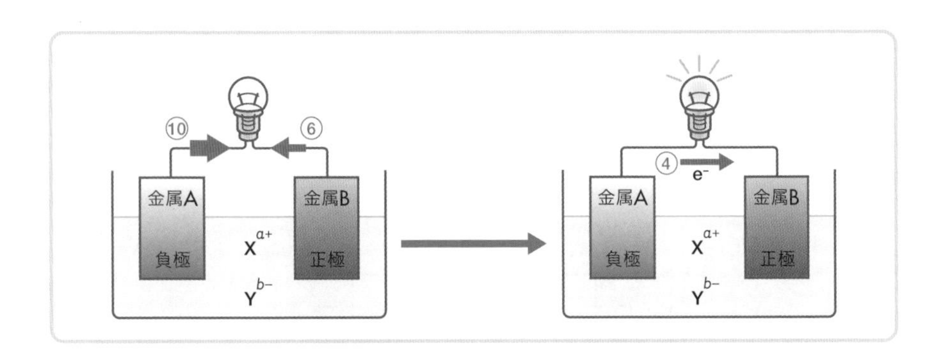

この，**イオン化傾向の差に相当するのが起電力**です。
イオン化傾向の差の大きな組み合わせの金属を電極に使うと，その分，起電力が大きな電池になるのです。

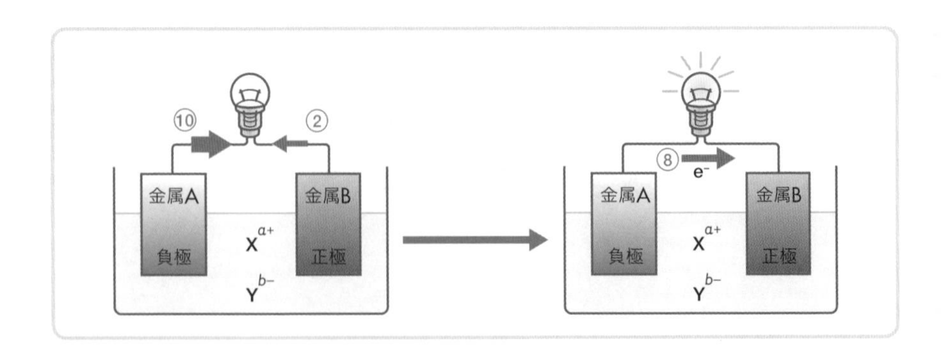

③ 電子の流れと電流

電子 e^- は負極から正極へ移動します。
一方，**電流は正極から負極に流れる**と決められています。
よって，電子 e^- が移動する向きと電流が流れる向きは逆になるので，注意しましょう。

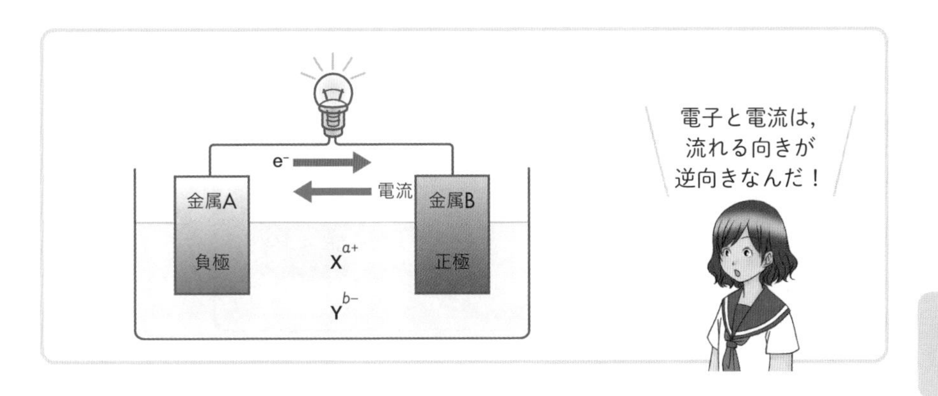

④ 各極の反応

❶ 負極（金属 A）の反応

イオン化傾向が大きい金属なので，電子 e^- を放出して陽イオンに変化します。

$$A \longrightarrow A^{n+} + ne^-$$

このように，**負極では酸化反応が進行**します。

❷ 正極（金属 B）の反応

イオン化傾向が小さい金属なので，電子 e^- を受け取ります。
しかし，金属は電子 e^- を放出してプラスに帯電する性質しかもっていません。
電子 e^- を受け入れてマイナスに帯電することはできないのです。
よって，実際に電子 e^- を受け入れるのは，水溶液中の陽イオン X^{a+} です。
（水溶液中の陰イオン Y^{b-} は，マイナスの電気をもつ e^- に近づくこともできません。）

$$X^{a+} + ae^- \longrightarrow X$$

このように，**正極では還元反応が進行**します。

❸ **全体の反応**

イオン化傾向の大きい金属 A(負極) ➡ 電子 e^- を放出

イオン化傾向の小さい金属 B(正極) ➡ 電子 e^- を受け取る

水溶液中の陽イオン X^{a+} ➡ 電子 e^- を受け入れる

これにより，電子 e^- が流れる，すなわち電流を取り出すことができるのです。

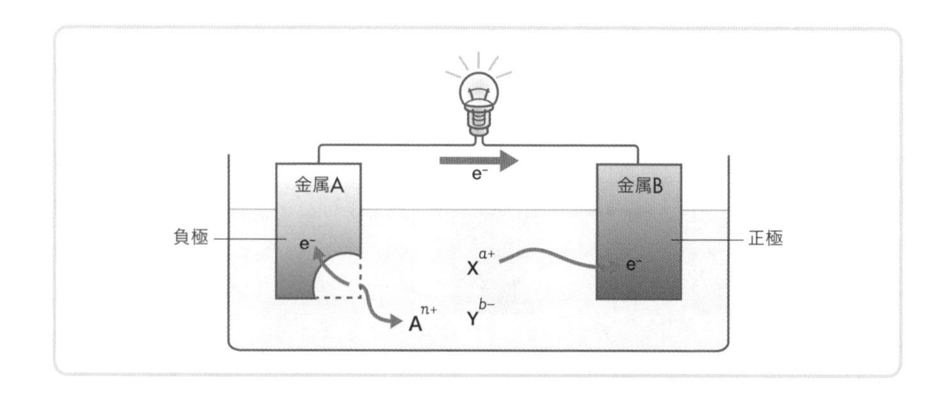

電池から電流を取り出すことを**放電**といいます。

電子は負極から正極に流れる。
負極では**酸化反応**，正極では**還元反応**が起こる！

3 ダニエル電池(−)Zn | ZnSO₄aq | CuSO₄aq | Cu(+) …

負極の電極に亜鉛 Zn，電解液に硫酸亜鉛水溶液 $ZnSO_4$aq を使用し，正極の電極に銅 Cu，電解液に硫酸銅(II)水溶液 $CuSO_4$aq を使用した電池を**ダニエル電池**といいます。

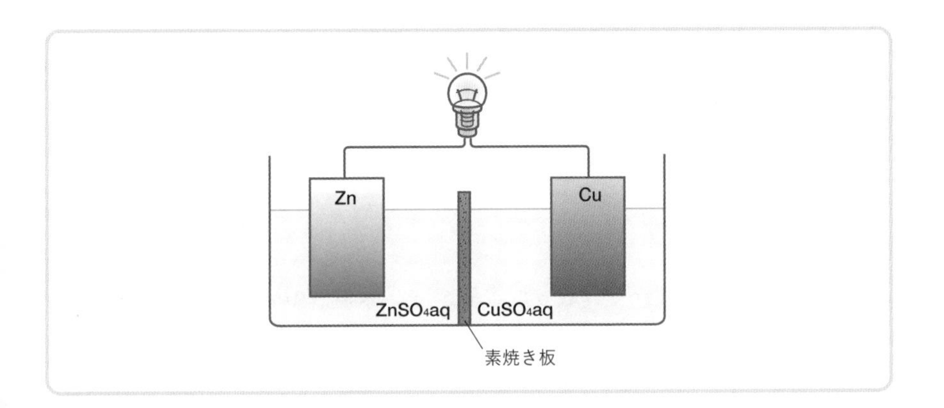

それでは「電池のしくみ(p.260 ～ 264)」で確認したことを一つずつ，ダニエル電池に当てはめて考えてみましょう。

❶ 電極

イオン化傾向の大きい金属が負極，小さい金属が正極でしたね。

イオン化傾向は Zn > Cu なので，**Zn** が負極，**Cu** が正極と判断できます。

負極が電子 e^- を放出し，正極が電子 e^- を受け取るので，**Zn** 電極から **Cu** 電極に電子 e^- が移動します（電流は正極から負極に流れることも，合わせて確認しておきましょう）。

また，イオン化傾向の差に相当するのが起電力でしたね。

亜鉛 **Zn** と銅 **Cu** の差に相当する起電力は約 1.1V です。

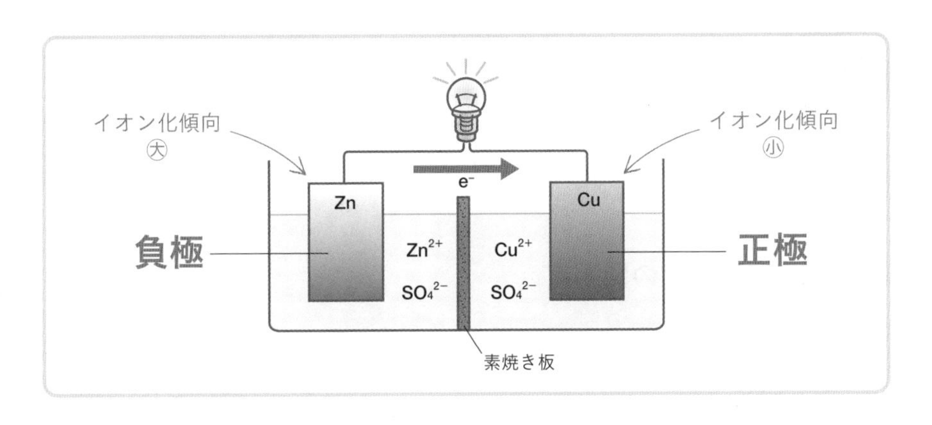

② 各極の反応

イオン化傾向の大きい金属が負極，小さい金属が正極でしたね。

❶ 負極の反応

負極では，電極の金属が電子 e^- を放出する反応（酸化反応）が起こります。

$$Zn \longrightarrow Zn^{2+} + 2e^-$$

❷正極の反応

正極では，電極の金属が受け取った電子 e^- を，水溶液中の陽イオンが受け入れる反応（還元反応）が起こります。

$$Cu^{2+} + 2e^- \longrightarrow Cu$$

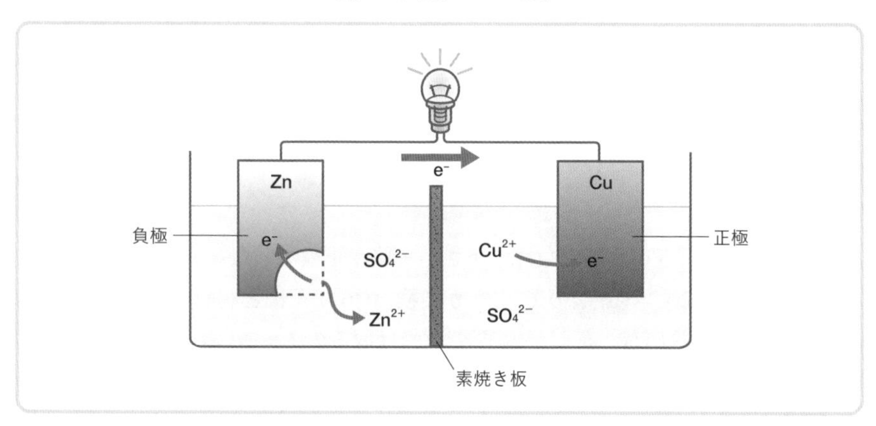

負極の Zn，正極の Cu^{2+} のように反応に関わるものを**活物質**といいます。

POINT!

［負極］ $Zn \longrightarrow Zn^{2+} + 2e^-$
［正極］ $Cu^{2+} + 2e^- \longrightarrow Cu$
［全体の反応］ $Zn + Cu^{2+} \longrightarrow Zn^{2+} + Cu$

③ ダニエル電池の問題点

ダニエル電池は電流が取り出せる時間が短く，実用電池としては使用できません。なぜ，電流を取り出せる時間が短いのか，考えてみましょう。

❶負極の原因

$Zn \longrightarrow Zn^{2+} + 2e^-$の反応により，水溶液中の$Zn^{2+}$が増加します。そして，$Zn^{2+}$の濃度が飽和に達すると反応が停止してしまうのです。

よって，電池を長持ちさせるために，**$ZnSO_4aq$ の濃度を低くしておく**必要があります。

❷正極の原因

$Cu^{2+} + 2e^- \longrightarrow Cu$ の反応により，水溶液中の Cu^{2+} が減少します。そして，Cu^{2+}の濃度が非常に小さくなると，反応が停止してしまうのです。

よって，電池を長持ちさせるために，**$CuSO_4aq$ の濃度を高くしておく**必要があります。

4 素焼き板の役割

素焼き板は小さな穴を多数もつ板で，2 つの役割があります。

❶両極の電解液が混合してしまうのを防ぐ

Cu^{2+}が負極側に移動すると，Zn が放出する電子 e^-を Cu^{2+}が直接受け取ってしまい，電流を取り出すことができません。

よって，電解液が混合することを防ぐ必要があり，その役割を素焼き板が担っているのです。

では，素焼き板の穴を通過するのは，どんなイオンでしょうか。

答えは，「反対の極側から引っ張られたイオン」です。例えば，反対側の電解液が正に帯電していると，陰イオンが引きずり込まれて，素焼き板を通過します。

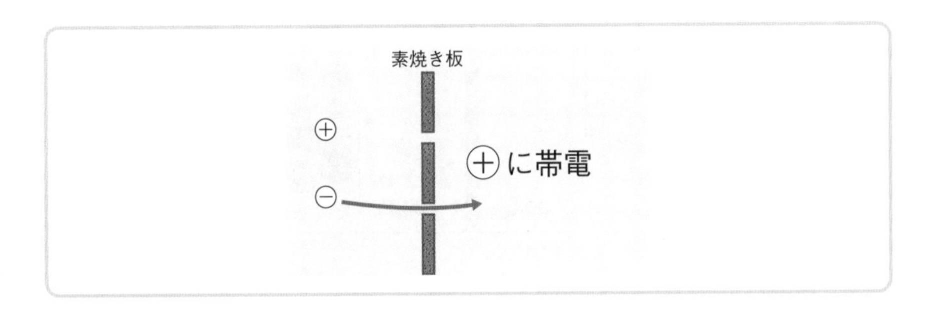

❷両極の電解液が電気的に中性（± 0）の状態を保つ

溶液は電気的に中性（± 0）の状態が安定です。

電池の電解液も放電前は電気的中性ですが，放電が進むと，負極側は Zn^{2+} が増加し，正に帯電してしまいます。また，正極側は Cu^{2+} の減少により負に帯電してしまい不安定になります。

そこで，素焼き板の小さな穴を双方から必要なイオンが移動します。

負極側は Zn^{2+} が増加し，正に帯電しているため，正極側の硫酸イオン SO_4^{2-} が引きずり込まれて移動し，電気的中性を保ちます。

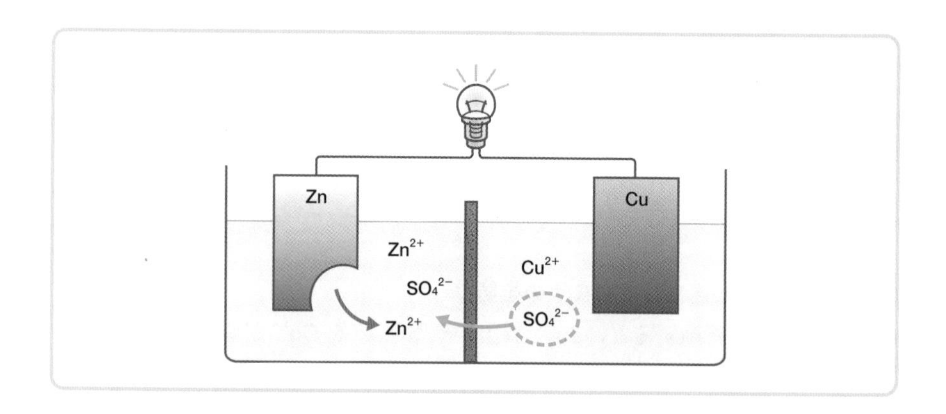

また，正極側は Cu^{2+} の減少により負に帯電しているため，負極側の Zn^{2+} が引きずり込まれて移動し，電気的中性を保ちます。

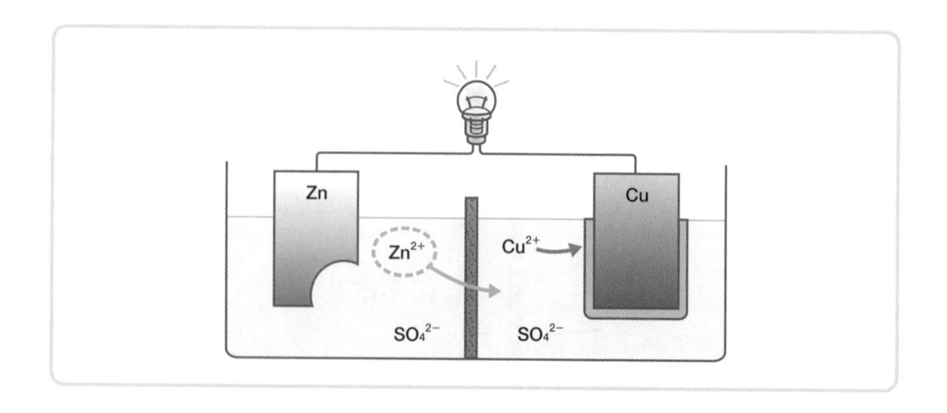

4 実用電池

1 鉛蓄電池(−)Pb |H_2SO_4aq | PbO_2(＋)

負極に鉛 Pb，正極に酸化鉛(Ⅳ) PbO_2，電解液に希硫酸を使用した電池を**鉛蓄電池**(なまりちくでんち)といいます。

鉛蓄電池は自動車のバッテリーなどに利用されています。

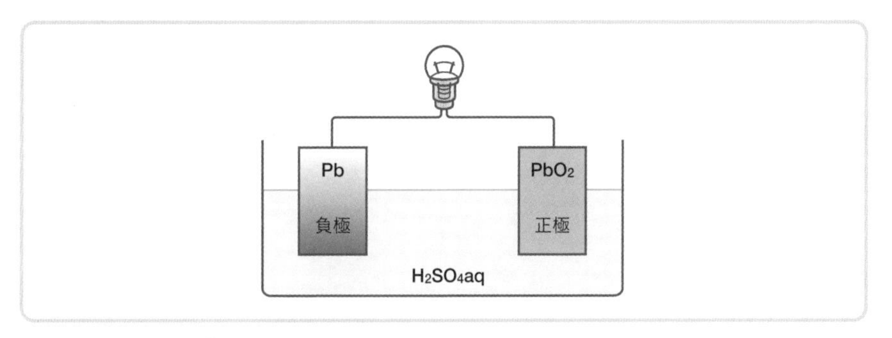

［負極］ $Pb + SO_4^{2-} \longrightarrow PbSO_4 + 2e^-$

［正極］ $PbO_2 + 4H^+ + SO_4^{2-} + 2e^- \longrightarrow PbSO_4 + 2H_2O$

［全体の反応］ $Pb + PbO_2 + 2H_2SO_4 \underset{充電}{\overset{放電}{\rightleftarrows}} 2PbSO_4 + 2H_2O$

鉛蓄電池は，**外部電源につないで逆向きに電流を流すと放電前の状態に戻ります。**
これを**充電**といいます。

このとき，放電と逆向きに電流を流すため，鉛蓄電池の負極は外部電源の負極に，鉛蓄電池の正極は外部電源の正極につなぎます。

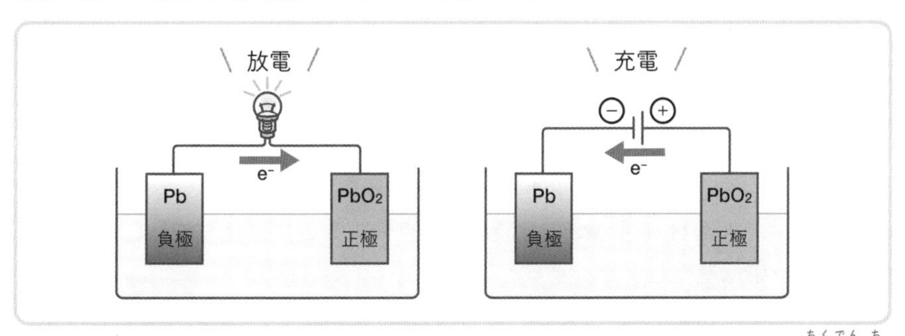

このように，充電によって繰り返し使用できる電池を**二次電池**または**蓄電池**(ちくでんち)といいます。

これに対して，充電することができない電池を**一次電池**といいます。

次に鉛蓄電池で電流を取り出すことができるしくみを見ていきましょう。
鉛蓄電池の電極は鉛 Pb と酸化鉛(Ⅳ)PbO_2 であるため，イオン化傾向からは説明できませんね。
では，**酸化数に注目してみましょう。**

Pb ➡ 0　　　PbO_2 ➡ ＋4

どちらも Pb が入っているのに，酸化数が違います。
このように，同じ元素なのに酸化数が異なる場合は真ん中で落ちつきます。

よって，Pb は電子 e^-を 2 つ放出し，PbO_2 は電子 e^-を 2 つ受け入れて，ともに Pb^{2+} に変化します。
Pb^{2+} は 0 と＋4 の真ん中である＋2 の酸化数になっていますね。

2 燃料電池

何かが燃えているところに手をかざすと，熱いですよね。
それは，物質が燃えると熱が放出されるからです。
この，**燃料が燃えるときに放出されるエネルギーを，電気エネルギーに変えて取り出す装置**が**燃料電池**(ねんりょうでんち)です。

多くの物質は，燃えると地球環境に悪影響を及ぼす物質に変化します。
例えば，炭素 C を含む化合物を燃やすと，温室効果ガスである二酸化炭素 CO_2 に，硫黄 S や窒素 N を含む化合物を燃やすと，酸性雨(p.193)の原因である硫黄酸化物や窒素酸化物に変化します。

そこで，**燃料に水素 H_2 を使用します**。
放電するとき，H_2 は水 H_2O に変化するため，二酸化炭素 CO_2 を発生しません。

$$2H_2 + O_2 \longrightarrow 2H_2O$$

この反応は，水素 H_2 と酸素 O_2 を混合して点火すると，爆発して起こりますが，常温だと反応は進行しません。
そこで，電極に白金 Pt を含ませ，負極に H_2，正極に O_2 を供給することで電流を取り出します。
Pt を触媒にすると，常温でも反応がゆっくり進行するのです。

また，燃料電池は使用時に発生する**排熱を利用することで，エネルギーを効率良く利用できます**。

❸ その他の実用電池

身の回りで使用されている電池には次のようなものがあります。

❶ マンガン乾電池

正極に酸化マンガン(Ⅳ)MnO_2，負極に亜鉛 Zn，電解質に塩化亜鉛 $ZnCl_2$ を含む水溶液を用いた一次電池です。
広く用いられている電池です。

❷ ニッケル－水素電池

負極に水素を吸収したり放出したりできる合金(水素吸蔵合金)，正極に酸化水酸化ニッケル(Ⅲ) NiO(OH)，電解質に水酸化カリウム KOH を用いた二次電池です。
容量が大きく，ハイブリッド自動車に使用されています。

❸ リチウムイオン電池

リチウム Li はイオン化傾向が大きいため，高い電圧を得ることができる二次電池です。
スマートフォンやノートパソコンなど，電子機器に利用されています。

5 金属の製錬

イオン化傾向が極めて小さい白金 Pt や金 Au は，単体で産出されますが，その他の金属は，化合物の鉱石として産出されます。
この鉱石から，金属の単体を取り出すことを**製錬**（せいれん）といいます。

1 鉄

鉄は，赤鉄鉱（せきてっこう）（主成分 Fe_2O_3）や磁鉄鉱（じてっこう）（主成分 Fe_3O_4）などの鉄鉱石として産出されます。
これら**鉄鉱石に含まれる酸化鉄を還元し，単体の鉄を取り出します**。

❶ 溶鉱炉に鉄鉱石，コークス C，石灰石 $CaCO_3$ を加え，約 2000 ℃にします。
すると，$CaCO_3$ が熱分解を起こし，酸化カルシウム CaO と二酸化炭素 CO_2 に変化します。

$$CaCO_3 \longrightarrow CaO + CO_2$$

そして，生じた CaO が鉄鉱石に含まれる不純物と反応し，不純物が取り除かれます。
また，CO_2 はコークス C と反応して一酸化炭素 CO に変化します。
この **CO が酸化鉄を還元し，単体の鉄を取り出すことができる**のです。

$$Fe_2O_3 + 3CO \longrightarrow 2Fe + 3CO_2$$

これにより生じた鉄は**銑鉄**（せんてつ）とよばれ，**炭素が約 4 %含まれており，硬くてもろい性質**をもちます。

❷ 銑鉄を転炉に入れて酸素 O_2 を吹きこみ，炭素 C を二酸化炭素 CO_2 に変えて取り除きます。
こうやって，**炭素含有率の低い丈夫な鉄**が得られます。
これを**鋼**（こう）といいます。

得られた鋼に高温で圧力を加え，棒状や板状に加工する操作を**圧延**（あつえん）といいます。

② 銅

銅は，主に黄銅鉱（主成分 $CuFeS_2$）として産出されます。

黄銅鉱に石灰石 $CaCO_3$ やケイ砂 SiO_2 を加えて加熱していくと，鉄が取り除かれ，硫化銅（Ⅰ）Cu_2S が得られます。
これを空気中で強熱すると，硫黄 S が取り除かれて単体の銅が得られます。

しかし，この銅には約 1% の不純物が含まれており，**粗銅**とよばれます。
この粗銅を用いて電気分解することで，純度の高い銅が得られます。
この方法を**電解精錬**といいます。

③ アルミニウム

アルミニウムは，地殻に多く含まれる元素第３位です。
そして，金属元素の中では地殻中に最も多く含まれます。

▶地殻に含まれる元素（質量パーセント）

酸素 O ＞ ケイ素 Si ＞ アルミニウム Al ＞ 鉄 Fe

アルミニウムはボーキサイトという鉱石として産出されます。
ボーキサイトを精製すると，アルミナといわれる純度の高い酸化アルミニウム Al_2O_3 が得られ，これを融解させて電気分解することで，単体のアルミニウムを取り出します。
この方法を**溶融塩電解**（**融解塩電解**）といいます。

POINT!

酸化還元反応は**電池**や**金属の製錬**など，
様々な分野で利用されている。

一問一答で講義の内容を確認しよう

OUTPUT TIME

3分

1	酸化還元反応によって，化学エネルギーを電気エネルギーに変えて取り出す装置を何という？	電池	➡ p.260
2	1において，電子が流れ出る電極を何という？	負極	➡ p.261
3	1において，電子が流れこむ電極を何という？	正極	➡ p.261
4	2と3の間に生じる電圧を何という？	起電力	➡ p.262
5	負極に鉛，正極に酸化鉛(Ⅳ)，電解液に希硫酸を用いた電池を何という？	鉛蓄電池	➡ p.269
6	5のように充電可能な電池を何という？	二次電池［蓄電池］	➡ p.269
7	充電できない電池を何という？	一次電池	➡ p.269
8	水素と酸素の反応を利用した電池を何という？	燃料電池	➡ p.270
9	鉱物から金属の単体を取り出すことを何という？	製錬	➡ p.272
10	銑鉄に対して，炭素をほとんど含んでいない丈夫な鉄を何という？	鋼	➡ p.272
11	黄銅鉱から得られる，不純物を含む銅を何という？	粗銅	➡ p.273

第25講，お疲れちゃん。
とうとう全範囲が終わったね。
よく頑張ったね。
不十分なところは，
何度も見直しておこうね。

第6章 章末チェック問題

【問1】

次の文章を読み，あとのa～cに答えよ。

酸化還元反応は電子のはたらきとしてとらえることができる。すなわち，相手から電子を奪うものが［ア］剤であり，相手に電子を与えるものが［イ］剤である。例えば，硫酸酸性水溶液中における過マンガン酸カリウム $KMnO_4$ とシュウ酸 $(COOH)_2$ の反応では，過マンガン酸イオン MnO_4^- は（ i ）式のように変化するため，それ自身は［ウ］される。

$$MnO_4^- + 8H^+ + 5e^- \longrightarrow Mn^{2+} + 4H_2O \quad \cdots(\text{i})$$

一方，シュウ酸自身は［エ］され，（ ii ）式のように変化する。

$$(COOH)_2 \longrightarrow 2CO_2 + 2H^+ + 2e^- \quad \cdots(\text{ii})$$

いま，過マンガン酸カリウム水溶液の濃度を求めるために，次のような操作を行った。

5.00×10^{-2} mol/L の $(COOH)_2$ 水溶液 10.0 mL をビーカーにとり，希硫酸を加えて約 70 ℃に温めた。この水溶液に，濃度不明の $KMnO_4$ 水溶液を滴下した。はじめのうちは $KMnO_4$ 水溶液の赤紫色が消えたが，18.0 mL 加えたところで，$KMnO_4$ 水溶液の赤紫色が消えなくなり，$(COOH)_2$ と $KMnO_4$ は過不足なく反応した。

a ［ア］～［エ］にあてはまるのは「酸化」と「還元」のどちらか，適切な組み合わせを次の①～④のうちから１つ選べ。

	ア	イ	ウ	エ
①	酸化	還元	酸化	還元
②	還元	酸化	還元	酸化
③	酸化	還元	還元	酸化
④	還元	酸化	酸化	還元

b（ i ）式において，マンガンの酸化数は反応前後でどのように変化したか。反応前と反応後の酸化数を［オ］→［カ］と表したとき，あてはまるものを次の①～⑧のうちからそれぞれ１つ選べ。

① ＋7　② ＋5　③ ＋3　④ ＋2
⑤ ＋1　⑥ －1　⑦ －2　⑧ －3

c $KMnO_4$ 水溶液のモル濃度は何 mol/L か。最も適切なものを次の①～④のうちから１つ選べ。

① 1.11×10^{-2}　② 2.78×10^{-2}　③ 6.94×10^{-2}　④ 9.00×10^{-2}

【問２】

次の①～⑤の反応のうち，酸化還元反応であるものをすべて選べ。

① $2H_2S + SO_2 \longrightarrow 3S + 2H_2O$
② $Na_2CO_3 + 2HCl \longrightarrow H_2O + CO_2 + 2NaCl$
③ $2KMnO_4 + 5(COOH)_2 + 3H_2SO_4$
$\longrightarrow 2MnSO_4 + 10CO_2 + 8H_2O + K_2SO_4$
④ $Zn + H_2SO_4 \longrightarrow ZnSO_4 + H_2$
⑤ $2NH_3 + H_2SO_4 \longrightarrow (NH_4)_2SO_4$

【問３】

金属の反応に関する記述として誤りを含むものを，次の①～⑤のうちから１つ選べ。

① カルシウムは，水と反応して水素を発生する。
② アルミニウムは，濃硝酸と反応して水素を発生する。
③ 亜鉛は，塩酸と反応して水素を発生する。
④ 銅は，熱濃硫酸と反応して二酸化硫黄を発生する。
⑤ 白金は，濃塩酸と濃硝酸の混合物である王水と反応して溶ける。

【問4】

ナトリウム，銅，亜鉛，銀，白金の5種類の金属について，次のような実験結果ア～オを得た。金属A～Eにあてはまるものをあとの①～⑤のうちからそれぞれ1つずつ選べ。

ア Aは常温の水と反応して水素を発生したが，他の金属では発生しなかった。

イ BとCは，いずれも希塩酸に溶解しなかったが，希硝酸には溶解した。

ウ Dは希塩酸および希硝酸に溶解しなかったが，王水には溶解した。

エ Cのイオンを含む水溶液にBを入れたところ，Cが析出した。

オ BとEを電極として希硫酸に入れて電池を作ると，Eが負極となった。

① ナトリウム　② 銅　③ 亜鉛　④ 銀　⑤ 白金

【問5】

図のような電池に関する記述として誤りを含むものはどれか。最も適当なものをあとの①～④のうちから1つ選べ。

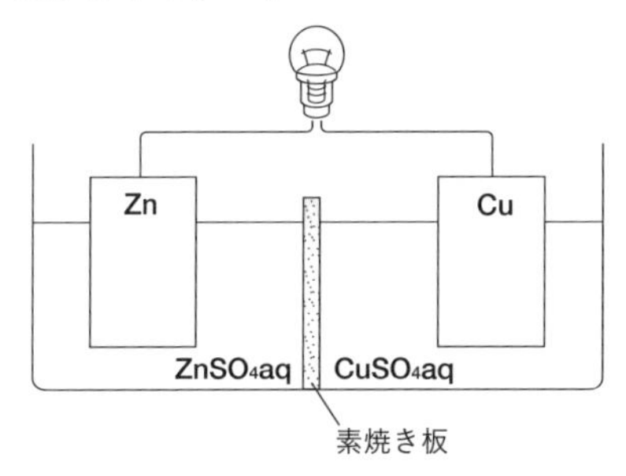

① 正極では $Cu^{2+} + 2e^- \longrightarrow Cu$ の変化が起こる。

② 負極側の電解液から正極側の電解液に硫酸イオンが移動する。

③ 硫酸銅(Ⅱ)水溶液の濃度を大きくすると電池が長持ちする。

④ 電流は正極から負極に流れる。

解　答

【問１】a ③　b オ ①　カ ④　c ①

【問２】①，③，④

【問３】②

【問４】A ①　B ②　C ④　D ⑤　E ③

【問５】②

解き方

【問１】

a ア，イ **相手から電子を奪う**（相手を酸化する）物質を**酸化剤**，**相手に電子を与える**（相手を還元する）物質を**還元剤**といいます。

ウ 過マンガン酸カリウム $KMnO_4$ は代表的な酸化剤であり（p.234），反応により自身は還元されます。

エ シュウ酸 $(COOH)_2$ は代表的な還元剤であり（p.235），反応により自身は酸化されます。

以上より，**答** ③が解答となります。

b（ⅰ）式において，過マンガン酸イオン MnO_4^- はマンガン（Ⅱ）イオン Mn^{2+} に変化しています。

MnO_4^- 中のマンガン Mn の酸化数を x とすると，

$$x + (-2) \times 4 = -1$$

$$x = +7$$

また，Mn^{2+} の Mn の酸化数は $+2$ より，$\mathbf{+7 \rightarrow +2}$ と変化します。

よって，**オ 答** ①，**カ 答** ④が解答となります。

c（ⅰ）式より，$KMnO_4$ は 5 mol の電子を受け取り，（ⅱ）式より，$(COOH)_2$ は 2 mol の電子を放出することがわかります。

以上より，$KMnO_4$ 水溶液の濃度を y〔mol/L〕とすると，終点における量的関係を次のように表すことができます（p.244）。

$$5.00 \times 10^{-2}\text{mol/L} \times \frac{10.0}{1000}\text{L} \times 2 = y〔\text{mol/L}〕 \times \frac{18.0}{1000}\text{L} \times 5$$

$$y \fallingdotseq \underline{1.11 \times 10^{-2}}\text{mol/L}$$

よって，答 ①が解答となります。

【問2】

酸化還元反応かを判断する方法には，次のようなものがありましたね。

・**反応式の中に単体があれば酸化還元反応**(p.239)

・**知っている酸化剤と還元剤の反応なら酸化還元反応**(p.240)

反応式の中に単体があるものは，①の S と④の Zn，H_2 です。

知っている酸化剤＋還元剤の組み合わせになっているものは，③の酸化剤 $KMnO_4$ ＋還元剤$(COOH)_2$ ですね。

上の２つにあてはまらない②，⑤は酸化還元反応ではありません。

②は**弱酸の遊離反応**(p.212)，⑤は**中和反応**(p.197)です。

以上より，答 ①，③，④が解答となります。

【問3】

金属のイオン化列は次のようになっています。

Li K Ca Na Mg Al Zn Fe Ni Sn Pb (H_2) Cu Hg Ag Pt Au

① イオン化列で，リチウムからナトリウムまでは常温の水と反応するため，カルシウムも水と反応して水素を発生します(p.251，252)。 ➡ 正

② イオン化列で，リチウムから銀までの金属は濃硝酸と反応しますが，鉄・ニッケル・アルミニウムは**酸化被膜を形成し，不動態となる**ため反応が進行しません(p.254)。 ➡ 誤

③ イオン化列で，リチウムから鉛までは塩酸と反応するため(ただし鉛はすぐに反応が停止)，亜鉛は塩酸と反応して水素を発生します(p.253)。 ➡ 正

④ 銅・水銀・銀は希硫酸や塩酸とは反応しませんが，熱濃硫酸・濃硝酸・希硝酸と反応して二酸化硫黄・二酸化窒素・一酸化窒素を発生します(p.254)。よって，銅は熱濃硫酸と反応して二酸化硫黄が発生します。 ➡ 正

⑤ 白金と金は**王水(濃塩酸と濃硝酸の混合物)と反応します**(p.254)。 ➡ 正

以上より，答 ②が解答となります。

【問4】

選択肢の金属をイオン化傾向の大きい順に並べると次のようになります。

ナトリウム Na・亜鉛 Zn・銅 Cu・銀 Ag・白金 Pt

それでは，実験結果**ア**～**オ**を確認していきましょう。

ア A は常温の水と反応

常温の水と反応する金属はイオン化列 Li～Na であるため，金属 A はナトリウム(答 ①)と決まります。

イ B，C は希塩酸に溶解しないが希硝酸には溶解

希塩酸とは反応しないが希硝酸と反応する金属はイオン化列 Cu～Ag であるため，金属 B，C は銅もしくは銀と決まります。

ウ D は希塩酸および希硝酸に溶解しないが王水に溶解

希塩酸や希硝酸に溶解しないが王水に溶解する金属は Pt，Au であるため，金属 D は白金(答 ⑤)と決まります。

エ C のイオンを含む水溶液に B を入れると C が析出

イオン化傾向の大きい金属がイオンに変化するため，B の方がイオン化傾向が大きいことがわかります。

また，**イ**より，B と C は銅か銀であるため，金属 B はイオン化傾向の大きい銅(答 ②)であり，金属 C はイオン化傾向の小さい銀(答 ④)であると決まります。

オ B と E を電極として電池を作ると E が負極となる

イオン化傾向の大きい金属が負極となるため，B より E の方がイオン化傾向が大きいことがわかります。

残っている金属は亜鉛しかなく，B の銅よりイオン化傾向が大きいことから，金属 E は亜鉛(答 ③)と決まります。

金属の反応性は，p.255 の表で確認しておきましょう。

【問5】

ダニエル電池に関する問題です。選択肢を順に確認していきましょう。

① 正極では還元反応が進行します。本問の電池では Cu^{2+} の還元，すなわち $Cu^{2+} + 2e^- \longrightarrow Cu$ の反応が進行します。　➡　**正**

ちなみに，負極では酸化反応が進行します。本問の電池では Zn の酸化，すなわち $Zn \longrightarrow Zn^{2+} + 2e^-$ の反応が進行します。

② 負極の電解液である $ZnSO_4$ 水溶液中は，放電に伴い Zn^{2+} が増加し，正に帯電します。

また，正極の電解液である $CuSO_4$ 水溶液中は，Cu^{2+} の減少により負に帯電します。よって，負極側から正極側に Zn^{2+} が移動します。　➡　**誤**

ちなみに，正極側から負極側に移動するのが SO_4^{2-} です。

③ 放電に伴い $CuSO_4$ 水溶液の Cu^{2+} が減少し，最終的には放電が止まります。よって，$CuSO_4$ 水溶液の濃度を大きくしておくと電池が長持ちします。

➡　**正**

ちなみに，$ZnSO_4$ 水溶液では，放電に伴い Zn^{2+} が増加して放電が止まるため，濃度を小さくしておくと電池が長持ちします。

④ 電池では，正極から負極に電流が流れ，負極から正極に電子が移動します。電流と電子の向きが逆になることを意識しておきましょう。　➡　**正**

以上より，**答** ②が解答になります。

さくいん 用語

※重要用語のくわしい解説が載っているページを赤字で示しています。

し

す

せ

そ

た

ち

て

ゆ

よ

ら

り

ろ

さくいん 化学式

[著者紹介]

化学講師　坂田薫(さかた・かおる)

スタディサプリや大手予備校で多くの講義を受け持つ。ていねいでわかりやすい本格的講義で，受講生からの人気も非常に高い実力派。

公式 HP：www.kaorukagaku.com

公式 X（旧 Twitter）：twitter.com/kaorukagaku

□ 編集協力　山本麻由　菊地陽子

□ 本文デザイン　TYPEFACE

□ 本文イラスト　ヤマネアヤ

□ DTP　㈱明昌堂

□ 図版作成　㈲デザインスタジオエキス．㈱アート工房

シグマベスト

大学入学共通テスト 読むだけでつかめる化学基礎

著　者　坂田　薫

発行者　益井英郎

印刷所　中村印刷株式会社

発行所　株式会社文英堂

〒601-8121　京都市南区上鳥羽大物町28

〒162-0832　東京都新宿区岩戸町17

(代表)03-3269-4231

●落丁・乱丁はおとりかえします。